Sonja Schwingesbauer

Von *Pflanzen*, die sich mögen & *Tieren*, die uns helfen

Haupt
NATUR

Sonja Schwingesbauer

Von *Pflanzen*, die sich mögen, und *Tieren*, die uns helfen

Erfolgreich gärtnern mit Symbiosen

Haupt Verlag

Illustrationen von Rita Engl

Inhalt

III. Pflanze & Pflanze: Geselligkeit bringt Vorteile

IV. Pflanze & Tier: Freunde fürs Leben

Vorwort

Mein Garten ist ein lebendiger und wunderbarer Ort. Bei der Gartenarbeit oder beim Streifzug durch mein kleines Refugium erlebe ich hautnah mit, wie die Lebewesen im Ökosystem Garten zusammenspielen. Oft sind es kleine Beobachtungen, die zeigen, wie die «Rädchen der Natur» ineinandergreifen und uns beim Gärtnern unterstützen. Beispielsweise im Frühsommer, wenn alles in Blüte steht und auch im Gemüsegarten Bohnen, Tomaten, Kürbis und Gurken blühen: Dann können wir eine kleine Schwebfliege beobachten, die zu einer Gurkenblüte fliegt, um Pollen und Nektar zu fressen. Nach einer Weile fliegt sie zur nächsten Gurkenblüte und bestäubt dabei diese Blüte. Erst durch den Besuch der Schwebfliege können Gurkenfrüchte gebildet werden. Und genauso ist es bei vielen anderen Blütenpflanzen im Gemüse- und Blumenbeet: Sie brauchen ein Tier zur Bestäubung, um Früchte und Samen ausbilden zu können.

Diese und viele andere Beziehungen zwischen den Lebewesen helfen uns beim Gärtnern und unterstützen uns dabei, die Pflanzen gesund und vital zu halten, sie beispielsweise auf natürliche Weise von Schädlingen freizuhalten, sodass wir uns an einer reichen Ernte erfreuen können. Die vielfältigen Formen des Zusammenlebens unterschiedlicher Arten und deren Vernetzungen sind Inhalt dieses Buches.

In *Teil I* erfahren wir, welche unterschiedlichen Beziehungen es zwischen Lebewesen in der Natur gibt und wie wir sie benennen können. Wir lernen nicht nur Symbiosen im engeren Sinne kennen, sondern auch andere Beziehungen, die uns beim naturnahen Gärtnern unterstützen.

Teil II widmet sich den Prozessen, die im Boden ablaufen, und jenen Organismen, die sich daran beteiligen. Wir betrachten, wie sich das Zusammenwirken dieser Lebewesen auf die Pflanzen auswirkt. Außerdem sehen wir uns die Verbindung zwischen Hülsenfrüchtlern und Knöllchenbakterien genauer an, denn von ihrem Zusammenleben profitieren auch andere Pflanzen. Und wir finden ganz praktische Anregungen für das biologische Gärtnern.

In *Teil III* geht es um Pflanzen und optimale Pflanzengemeinschaften. Welche Pflanzen mögen sich, welche harmonieren miteinander oder fördern sich sogar gegenseitig? Wir erfahren, welche Gemüse intensive Gerüche verströmen, welche Kräuter sich als Schutzpflanzen und welche Blumen sich als Helferpflanzen im Nutzgarten eignen. Und wir finden Vorschläge für vier Mischkulturbeete mit Gemüsen, Kräutern und Blumen im Nutzgarten sowie Pflanzideen für ein Beet im Baumschatten und eine sonnige Böschungsbegrünung.

^ Im Garten können wir wunderbare Naturerfahrungen machen.

In *Teil IV* betrachten wir die vielfältigen Beziehungen zwischen Pflanzen und Tieren. Wer sind wertvolle Bestäuber im Garten? Und wie können wir diese ansiedeln? Außerdem erfahren wir, welche Tiere uns dabei helfen, lästige Blattsauger und andere ungebetene Besucher in Schach zu halten, und wie Nützlinge mit Begrünungen und anderen Maßnahmen gefördert werden.

Mit diesem Buch möchte ich einen Einblick in das große Netzwerk der Natur geben, das wir in unserem Garten beobachten, fördern und für das biologische Gärtnern nutzen können.

Sonja Schwingesbauer
Januar 2026

I

Das vielfältige Netzwerk der Lebewesen

Auf unserem Planeten herrscht ein buntes, quirliges Treiben unterschiedlichster Lebewesen. Sie machen unsere Erde, aber auch unseren Garten zu einem lebendigen Ort. Zum Beispiel ein alter Apfelbaum: Er wurde vor Generationen gepflanzt und trägt Jahrzehnte später immer noch schmackhafte Äpfel. Der knorrige Baum ist aber auch ein Lebensraum. Hinter einem sich ablösenden Rindenstück hat ein Gartenbaumläufer sein Nest. Der kleine Vogel findet hier Nahrung und hält den Baum von unliebsamen Schadinsekten frei – ein ständiges Geben und Nehmen. Im Frühjahr summen Wildbienen und Hummeln im Baum. Sie bekommen Nektar und Pollen und bestäuben die Blüten, dadurch kann der Baum später Früchte tragen. Das sind nur zwei von zahlreichen Beispielen, die zeigen, wie unglaublich vernetzt das Leben auf unserer Erde und im Garten ist: Lebewesen brauchen einander und sind voneinander abhängig, sie agieren in Kooperationen und Partnerschaften und bilden so das große Netzwerk der Natur.

Miteinander als erfolgreiches Lebensprinzip

In allen Ökosystemen auf unserer Erde leben Pflanzen und Tiere miteinander. Dieses Zusammenleben führt zu ganz unterschiedlichen und vielfältigen Beziehungen zwischen den Lebewesen, die wir natürlich auch in unseren Gärten beobachten können. Einige davon unterstützen uns sogar ganz erheblich beim biologischen Gärtnern.

Leben baut auf Beziehungen auf

Kein Organismus, keine Art lebt für sich allein. Arten koexistieren nebeneinander, sie kooperieren aber auch auf vielfältige Weise miteinander – dadurch entsteht ein vielschichtiges Beziehungsgeflecht unter den Arten und letztlich das große Netzwerk der Natur. Daran beteiligt sind alle Organismen: Pflanzen und Tiere, Bakterien, Algen und Pilze. Jedes Lebewesen erfüllt seine Funktion und hat daher eine Lebensberechtigung. Auch wenn es nur ein «kleines Rädchen im Getriebe» zu sein scheint, kann das Verschwinden dieses Rädchens fatale Folgen für andere Arten haben, die sich kaum abschätzen lassen. Daher sind die Förderung der Artenvielfalt und der Erhalt der Biodiversität von immenser Bedeutung. Egal ob mächtiger Baum oder winzige Mikrobe: Jedes Lebewesen ist von anderen Arten abhängig – um sich zu ernähren oder um sich fortzupflanzen, um seine Nachkommen zu versorgen oder sich vor Fressfeinden zu schützen. Daraus haben sich vielfältige Beziehungskonstellationen zwischen verschiedenen Arten entwickelt. Manche Arten sind so sehr aufeinander angewiesen, dass sie in inniger und lebenslanger Partnerschaft – in enger Symbiose – zusammenleben. Andere Arten pflegen lockere Beziehungen zueinander und helfen sich nur ab und zu. Wieder andere fördern eine andere Art, ohne es zu wissen und ohne einen Nutzen daraus zu ziehen, und nochmals andere schaden zu ihrem eigenen Vorteil einer anderen Art.

In der Natur gibt es zwar Konkurrenz und Wettbewerb, das Prinzip des Stärkeren, das Fressen-und-gefressen-Werden, aber es gibt auch ein Zusammenleben zwischen ungleichen Organismen verschiedener Arten, ein Gemeinschaftsprinzip, ein Miteinander. Diese Entdeckung machte der deutsche Naturwissenschaftler, Mediziner, Mykologe und Botaniker Anton de Bary (1831–1888). Er bezeichnete 1879 das Zusammenleben von artverschiedenen Organismen als *Symbiose.* Der Begriff *Symbiose* wird aus den altgriechischen Wörtern *syn* für «zusammen» und *bios* für «Leben» gebildet. De Bary prägte den Begriff vor knapp 150 Jahren für wirklich jegliche Formen des Zusammenlebens. Heute verstehen wir unter Symbiosen im engeren Sinn nur jene Beziehungen, die für beide Arten zum Vorteil sind. Je nachdem wie die Beziehung ausgeprägt ist und welche Wechselwirkungen daraus entstehen, ob sie beiden oder nur einem Partner nutzt oder ob sie für eine Art nachteilig oder sogar schädlich ist, benennen wir die verschiedenen Beziehungsformen unterschiedlich.

Die Gewöhnliche Gelbflechte siedelt sich bevorzugt an Gehölzen an. Die Art ist in unseren Gärten häufig. Wie alle Flechten schadet sie den Gehölzen nicht.

Beide Partner profitieren

Symbiose ist eine Wechselbeziehung, bei der beide Partner voneinander profitieren. Beidseitig positive Beziehungen mit gegenseitig fördernden Wirkungen werden auch *Mutualismus* oder *fakultative Symbiose* genannt. Die Freundschaft zwischen den Symbiosepartnern ist zwanglos, aber die Arten brauchen einander. Dies ist beispielsweise bei der Fortpflanzungssymbiose zwischen Blütenpflanzen und Bestäubern der Fall: Die Pflanze benötigt ein Tier, um bestäubt zu werden und Samen zu bilden, und umgekehrt benötigt das Tier den Pollen oder den Nektar der Pflanze als Nahrungsquelle für sich oder seine Nachkommen. Auch die *Mykorrhiza* zählt hierzu: Pilz und Pflanzenwurzel gehen eine *Symbiose* ein, indem die Partner gegenseitig Nährstoffe austauschen und dadurch Lebensvorteile genießen. Und ähnlich ist die *mutualistische Symbiose* zwischen Knöllchenbakterium und Leguminose, wo es nur gemeinsam möglich ist, das lebenswichtige Nährelement Stickstoff aus der Luft zu binden. Manchmal sind die Lebensbande auch so eng verknüpft, dass ein Leben nur mit dem anderen Partner möglich ist. Diese lebenslange und lebensnotwendige Partnerschaft wird *obligate Symbiose* oder *Eusymbiose* genannt. Sie kommt etwa bei Flechten vor, wo ein Pilz zeitlebens mit einer Alge oder Bakterie zusammenlebt.

˄ Pflanzen, die mit Mykorrhiza-Pilzen in Symbiose leben, haben ein gespinstartiges Wurzelsystem.

˄ Damit die Biene an den Nektar kommt, muss sie in die Blüte. Dabei bleiben Pollenkörner auf ihrem Körper haften, die auf die nächste Blüte übertragen werden.

˄ Pflanzen mit Knöllchenbakterien sind an den kleinen Knubbelchen an den Wurzeln erkennbar.

Einer gewinnt, der andere verliert aber nichts

In der Natur gibt es oft auch Beziehungskonstellationen unterschiedlicher Formen, bei denen nur eine Art einen Vorteil genießt. *Probiosen* oder *Parabiosen* werden zwischenartliche Wechselbeziehungen genannt, von denen nur eine Art profitiert, die andere aber zumindest keinen Nachteil hat. Dazu zählt der *Kommensalismus,* der auch als Tischgenossenschaft bezeichnet wird. Bekanntes Beispiel sind aasfressende Tiere wie Aasgeier, die Raubtieren folgen und sich von den Beuteresten ernähren. Aber auch die Ausbreitung von Samen durch Tiere ist eine Form der *Probiose.* Wenn Samen am Fell oder Gefieder von Tieren haften und die Tiere zur Ausbreitung als Taxi benutzt werden, wird das als *Phoresie* bezeichnet. Die *Metabiose* ist eine weitere und indirekte Form der *Probiose* und bezeichnet ein einseitiges Abhängigkeitsverhältnis einer Art von der Tätigkeit einer anderen, zum Beispiel wenn eine unbewohnte Spechthöhle von Vögeln, Hummeln oder anderen Tierarten als Nest benutzt wird.

‹ Höhlenbrüter wie der Kleiber nutzen gerne leere Spechthöhlen als Nistplatz.

^ Die Amsel sucht ihre Nahrung am Boden.

Mein Freund ist der Feind meines Feindes

In der Natur gibt es schließlich auch Beziehungen, die nur für eine Art förderlich sind und der anderen Art schaden. Bei der Räuber-Beute-Beziehung, auch *Antagonismus* genannt, hat das Raubtier einen Nutzen, das Beutetier hingegen einen Schaden, weil es sein Leben lassen muss. Auch beim *Parasitismus,* der Wirt-Parasit-Beziehung, genießt der Parasit Lebensvorteile, die parasitierte Art hat jedoch Nachteile. Eine spezielle Form sind Parasitoide. Sie nehmen ihren Wirt derart in Beschlag, dass es für den Wirt ein tödliches Ende nimmt. Indirekt kann durch diese Beziehungsformen eine andere Art einen Vorteil genießen, indem sie selbst vor Schaden oder dem Gefressen-Werden verschont bleibt. Hier lautet die Devise: Mein Freund ist der Feind meines Feindes – beispielsweise wenn ein Laufkäfer eine Schnecke erbeutet und somit eine Pflanze nicht mehr von der Schnecke gefressen werden kann.

Zusammen und Miteinander im Garten

Ein naturnaher Garten ist ein eigenes kleines Ökosystem, in dem viele Lebewesen ihren Platz finden. Auch hier gibt es ein vielfältiges Beziehungsnetz zwischen den Arten. Und auch hier laufen Lebensprozesse ab, die aufeinander aufbauen und ineinandergreifen. Dieses einzigartige System an Beziehungen und Verflechtungen können wir beim Gärtnern nicht nur nutzen, sondern sogar gezielt fördern.
Auf und besonders im Boden leben unzählige Organismen und gibt es ebenso unzählige Wechselwirkungen. Durch die Aktivitäten der unterschiedlichen Bodenorganismen, den Um- und Abbau von organischen Stoffen sowie die Durchlüftung und Durchmischung des Bodens durch Regenwürmer und andere Organismen werden Nährstoffe und Wasser pflanzenverfügbar. Unsere Gartenpflanzen können dadurch optimal wachsen und Blüten, Früchte und Samen ausbilden. Ist der Boden gesund und fruchtbar, sehen wir das an einer erfolgreichen Ernte und kräftigen Pflanzen, die widerstandsfähiger sind gegenüber Stressfaktoren wie Hitze und Trockenheit.
Im Garten wachsen unterschiedliche Gewächse in Gesellschaft zusammen. Manche Pflanzenarten harmonieren besonders gut miteinander, stärken sich gegenseitig oder halten von ihren Nachbarn lästige oder schädliche Organismen wie Pflanzenläuse fern. Andere Gewächse senden stimulierende und fördernde Stoffe an ihre Beetgenossen, beispielsweise die Ringelblumen. Oder aber die Pflanzenarten ergänzen sich perfekt durch ihren unterschiedlichen Wuchs, etwa tief wurzelnde und aufrecht wachsende Arten wie manche Gräser- und Kräuterarten in Gemeinschaft mit flächig wachsenden Pflanzen, die ein flachstreichendes Wurzelwerk haben. Wenn wir Gewächse zusammenbringen, die einander gewogen sind, dann tun wir unseren Pflanzen im Garten etwas Gutes.

‹ Im naturnahen Garten sind Wildblumenbeete ein wichtiger Teillebensraum.

^ Im naturnahen Garten fühlen sich alle wohl: Pflanze, Wildtier und Mensch.

Die in unseren Gärten lebenden Wildtiere leisten wertvolle Arbeit als Bestäuber. Äpfel, Birnen, Himbeeren und Rote Johannisbeeren, aber auch Fruchtgemüse wie Gurke, Zucchini oder Kürbis sind zur Fruchtbildung auf die Hilfe der Bestäuberinsekten angewiesen. Andere Tierarten helfen uns, indem sie es auf Schädlinge wie verfressene Räupchen und Larven oder saugende Blattläuse abgesehen haben, zum Beispiel Nützlinge wie Igel und Kohlmeise, Marienkäfer und Schwebfliegenlarve, Spinne und Schlupfwespe. Um diese nützlichen Bestäuber und Helfer dauerhaft im Garten anzusiedeln, schaffen wir einen Lebensraum, in dem sie sich wohlfühlen. Wir legen artenreiche Pflanzungen an und bieten ihnen ergänzende Strukturen.

Wenn in einem naturnahen und wildtierfreundlichen Garten die Lebenskreisläufe und Nahrungsketten so ineinandergreifen und alles optimal funktioniert, dann können wir unseren Garten in vollen Zügen genießen und das großartige Netzwerk der Natur hautnah miterleben.

II

Wurzeln & Bodenleben: Verborgene Partnerschaften

Die Welt unter der Erdoberfläche ist für uns verborgen, es ist das Reich der Pflanzenwurzeln und Bodenlebewesen. Hier, in der Unterwelt, herrscht ein Gewusel aus den merkwürdigsten Kreaturen und Mikroorganismen. Viele der hier lebenden Arten existieren jedoch nicht nur einfach nebeneinanderher, sondern sie wirken zusammen und kooperieren miteinander. Sie beteiligen sich am Transport, am Ab- und Umbau der organischen Stoffe und schaffen so ein reich verzweigtes Netzwerk im Erdreich, wodurch den Pflanzen ausreichend Nährstoffe und Wasser zum Wachstum zur Verfügung stehen und der Boden fruchtbar bleibt. Damit Pflanzenwurzeln die Nährstoffe noch effektiver aufnehmen und nutzen können, gehen sie mit Pilzen und Bakterien häufig eine dauerhafte Bindung ein. Jeder Kooperationspartner genießt dadurch Lebensvorteile. Die Pflanzen sind vitaler. Der gemeinschaftliche Austausch der unterschiedlichsten Organismen, das Miteinander mit den Pflanzenwurzeln, hilft uns auch beim biologischen Gärtnern.

Fabelhafte Recyclingspezialisten

Im Erdreich und auf dem Komposthaufen im Garten vollzieht sich Erstaunliches: Unzählige Lebewesen, winzigste Mikroben, kleine und weniger kleine Tierchen sind hier ständig am Werkeln. Mit ihrer Arbeit leisten sie ein Wunderwerk – sie verarbeiten organisches Material, spalten es auf und machen es so als Nährelemente für Pflanzenwurzeln wieder verfügbar.

Der spektakuläre Recyclingprozess im Boden

In einem gesunden und intakten Boden wimmelt es nur so von Leben – eine eigene Welt für sich! Der Boden unter unseren Füßen ist ein Ökosystem, das uns Menschen über der Bodenoberfläche weitgehend verborgen bleibt. Er ist bevölkert von unglaublich vielen und sehr unterschiedlichen Lebewesen, die perfekt auf das Leben im Boden angepasst sind, darunter befinden sich die merkwürdigsten Geschöpfe. In den verschiedenen Bodenschichten leben schleimige und windende, kriechende und krabbelnde Arten. Sie alle beteiligen sich am Verarbeitungsprozess der organischen Stoffe.

Beispiel naturnaher Laubwald

Es ist Herbst in einem naturnahen Laubwald. Nach und nach lassen die Bäume ihre Blätter fallen. Sie bilden die Streuschicht am Boden. Die meisten heimischen Laubgehölze begeben sich in Vegetationsruhe, wenn die Tage kürzer und die Temperaturen kühler werden. Ganz anders ist die Situation am und im Boden: Hier herrscht Hochbetrieb, denn die Laubmassen und andere organische Materialien am Boden sind ein Festmahl für unzählige Lebewesen. Für sie gibt es nun einen

Käfer und
Tausendfüßer
Asseln
Pilze und Bakterien
Mäuse
Regenwurm
Maulwurf

Überfluss an Nahrung. Nach und nach verschmausen sie alles organische Material, das am Boden liegt. Und nicht nur Laub wird verarbeitet, auch Kot, Haare, Federn und selbst Aas werden abgebaut. Die Organismen sind wahre Recyclingspezialisten. Jede Art übernimmt dabei bestimmte Aufgaben: Regenwürmer und Ameisen, aber auch Maulwurf und Maus sind für die Erdarbeiten zuständig. Sie graben Gänge und bohren Löcher in den Boden, wodurch der Boden belüftet wird, Regenwasser besser eindringen kann und die Pflanzenwurzeln besser wachsen können. Durch die Arbeit dieser Tiere wird die Struktur und Stabilität des Bodens insgesamt erhalten. Außerdem bringen Tiere organisches Material aktiv in den Boden ein, zum Beispiel wenn der Regenwurm ein welkes Laubblatt in seine Röhre zieht und verspeist. Das, was seinen Köper wieder verlässt, ist feinste nährstoffreiche Erde. Andere Arten wie Käfer, Asseln und Tausendfüßer zerkleinern die Streuschicht aus Laub und anderen Stoffen auf dem Boden; der Zersetzungsprozess beginnt. Die bereits zerkleinerten Streustücke werden von Springschwänzen, Kugelspringern, Felsenspringern und vielen anderen Lebewesen weiterverarbeitet. Auch unzählige Mikroorganismen wie Algen und Bakterien, Pilze und Viren beteiligen sich am Recyclingprozess. Sie bauen die organischen Reststoffe, auch Detritus genannt, ab. In einem intakten Ökosystem wird durch das Netzwerk der Recyclingspezialisten die Streuschicht am Boden in wenigen Monaten komplett zersetzt und nährstoffreicher Humus gebildet. Durch die Bodenlebewesen erfolgt die Humifizierung und Mineralisierung. Im Humus stecken Stickstoff und Phosphor und alle anderen Nährelemente, die Pflanzen zum Leben und Wachsen brauchen. Humus ist an seiner dunkelbraunen, manchmal fast schwarzen Farbe erkennbar. Er ist sehr gut wasseraufnahmefähig. So bindet er die im Wasser gelösten Nährstoffe und Nährelemente an sich, um sie anschließend wieder an die Pflanzenwurzeln abzugeben. Außerdem ist Humus wichtig für das Bodengefüge und die Bodenstruktur. Durch ihn bleibt der Boden krümelig und luftig. Daher ist die Arbeit der Bodenlebewesen so wertvoll: Sie sind die Meister im Recycling der organischen Stoffe. Und sie bewahren Bodenfurchtbarkeit und Bodengesundheit. Im Gegenzug bekommen sie von den Pflanzen und Tieren über der Erdoberfläche immer ausreichend Nachschub an organischem Material.

› Springschwänze sind zwar winzig, aber überaus wichtig für die Zersetzungsprozesse.

ˆ Regenwürmer bohren sich durch den Boden und belüften ihn mit ihren Röhren.

› Tausendfüßer sind bei der Wahl ihrer Nahrung nicht wählerisch, sie fressen Laub, Holz und andere organische Abfälle.

Das Netzwerk in der Gartenerde fördern

Im eigenen Garten ist es ähnlich wie in der freien Natur: Wenn das Bodenleben aktiv ist, greifen die Lebensprozesse der Organismen wie Zahnräder ineinander und zirkulieren die Stoffkreisläufe im Boden. Und wenn die Ab- und Umbauprozesse optimal funktionieren, dann stehen den Pflanzen und ihren Wurzeln ausreichend Wasser und Nährstoffe zur Verfügung. Somit ist die Arbeit der Bodenlebewesen für uns im Biogarten unerlässlich – durch das rege Treiben in der Erde, im Boden und im Komposthaufen funktioniert der natürliche Nährstoffkreislauf dauerhaft und bleiben unsere Pflanzen vital und gesund. Was können wir also tun, damit sich die Bodenwelt wohlfühlt?

Biologisch gärtnern

Ein ganz wesentlicher Grundsatz ist, das Bodenleben zu schützen, und das gelingt uns am erfolgreichsten durch das biologische Gärtnern. Im biologisch bewirtschafteten Garten verzichten wir auf den Einsatz von chemisch-synthetischen Mitteln wie Pestiziden oder Fungiziden, zudem wird kein chemischer Dünger aufgebracht, denn all diese Stoffe haben einen negativen Einfluss auf die sensiblen Bodenlebewesen. Oftmals wirken sie tödlich auf jene Lebewesen, die am Beginn der Nahrungs- und Prozesskette stehen. Sie bilden die Basis. Ist diese nicht vorhanden, wirkt sich das auch auf die nachfolgenden Organismen negativ aus.
Außerdem schaffen wir ein ökologisches Gleichgewicht, indem wir eine Fruchtfolge einhalten, Leguminosen anpflanzen (siehe Seite 38 ff.) und Gemüse in Mischkulturen anbauen (siehe Seite 52 ff.). Dadurch verbessern wir die Bodengesundheit, stabilisieren den Nährstoffhaushalt und regulieren auf natürliche Weise Krankheiten und Schädlinge. Treten im biologisch bewirtschafteten Garten dennoch Krankheiten an unseren Pflanzen auf, kommen Pflanzenstärkungsmittel, Jauchen oder Tinkturen zum Einsatz.
Darüber hinaus nützen wir beim biologischen Gärtnern bei Befall durch tierische Schadorganismen die natürliche Schädlingsregulierung (siehe Seite 128 ff.). Daher beherbergt unser naturnah gestalteter Garten nützliche Wildtiere, die uns helfen, ein biologisches Gleichgewicht zwischen Pflanzen und Tieren zu erhalten, etwa indem sie unsere Pflanzen von lästigen und gefräßigen Tieren wie Blattläusen und Raupen freihalten.

ˆ Im biologisch bewirtschafteten Garten wachsen viele unterschiedliche Pflanzen zusammen.

Kompostieren

Im Garten laufen die oben beschriebenen Zersetzungsprozesse nicht nur im Boden ab, sondern in gebündelter Form auch auf dem Komposthaufen. An ihrem Ende steht uns feinster nährstoffreicher Humus in Form von wertvoller Komposterde zur Verfügung. Komposterde wird dort aufgebracht, wo es eine ständige Nähstoffzufuhr braucht, das sind vor allem unsere Gemüsebeete. Denn durch das Wachstum der Nutzpflanzen und die regelmäßige Ernte der Gemüse werden dem Boden wichtige Nährstoffe entzogen. Diese können durch die Komposterde dem Boden wieder zugeführt werden. Und damit schließt sich der Stoffkreislauf: Die ehemals abgestorbenen organischen Reststoffe werden dem Ökosystem Garten wieder zurückgegeben. Dabei unterstützen sich die Organismen im Komposthaufen und die in der Gartenerde gegenseitig.

Einen Komposthaufen anzulegen, ist grundsätzlich keine schwierige Sache. Dennoch ist es nicht damit getan, einfach alles auf den Haufen zu werfen und auf gute Komposterde zu warten; ein bisschen mehr Zuwendung sollten wir diesem interessanten Ort schon geben.

Richtig kompostieren

Was darf hinein, was nicht?

Erlaubt sind alle pflanzlichen Garten- und Küchenabfälle wie Rasenschnitt, Laub, Äste und Zweige, verwelkte und vertrocknete Pflanzenteile, ausgejätete Beikräuter, Reste von Gemüse und Obst. Auch Teebeutel, Kaffeesatz und Kaffeefilter sowie Eierschalen dürfen auf dem Komposthaufen landen. Schalen von Zitrusfrüchten oder Bananen sollten nur in kleinen Mengen zugegeben werden. Nicht in den Kompost dürfen Fleischabfälle, Knochen und Pflanzen oder Pflanzenteile mit problematischem Krankheitsbefall wie Feuerbrand oder Kohlhernie.

Wo ist der richtige Standort?

Ein halbschattiger geschützter Ort unter Laubgehölzen ist optimal für einen Kompostplatz. Idealerweise ist der Bereich so groß, um drei Kompostkisten aufzustellen. Mein Garten ist rund 1000 Quadratmeter groß, mit drei Kisten à 1 × 1 Meter komme ich gerade gut zurecht. In einer Kiste lagert die nutzfertige Komposterde, in einer Kiste setze ich den neuen Kompost an, und sobald diese Kiste voll ist, wird der Haufen in die leere Kiste umgeschichtet.

Zerkleinern, schichten und mischen.

Je kleiner die Abfälle auf dem Haufen landen, desto rascher vollzieht sich der Verrottungsprozess. Besonders Äste und Zweige sowie anderes sperriges Material wie Pflanzenstängel sollten auf wenige Zentimeter Länge zerkleinert werden. Dadurch können die zersetzenden Organismen rascher eindringen. Außerdem sollten die Abfälle gut vermischt sein. Rasenschnitt wird also nicht einfach auf den Haufen geworfen, sondern schichtweise mit anderen Abfällen eingebracht.

Hilfe, mein Kompost fault und stinkt!

Normalerweise geht von einem Komposthaufen kein Geruch aus. Ist das der Fall, wurden entweder ungeeignete Stoffe kompostiert oder es herrschen anaerobe Bedingungen, die Fäulnis bewirkt haben, hervorgerufen möglicherweise durch zu wenig Luftzufuhr, zu viel Feuchtigkeit oder beides. Dann sollte man den Haufen umschichten und durch Zugabe von fertiger Komposterde oder anderen Hilfsstoffen wie Stroh oder einen Brennnesselauszug verbessern. In regenreichen Regionen oder bei andauernden heftigen Regenfällen ist es ratsam, den Kompost mit Brettern oder Schilfmatten abzudecken.

Mein Kompost ist fertig – und was nun?

Hat die Komposterde eine fast homogene, feine krümelige und erdige Konsistenz, ist sie verwendbar. Die fertige, reife Komposterde bringen wir in jenen Beeten und Rabatten aus, wo es eine Nährstoffzufuhr braucht. Besonders im Nutzgarten müssen durch die regelmäßige Ernte auch wieder Nährstoffe zugeführt werden. Bevor wir stark zehrende Arten wie Tomate oder Kürbis (siehe Seite 57) anbauen, bringen wir eine Schicht von etwa fünf bis zehn Zentimetern Komposterde flächig auf. Auch Sträucher und andere nährstoffliebende Pflanzen können wir ab und zu mit einer Gabe unsere Komposterde revitalisieren. Schwachzehrer wie Feldsalat, Spinat und Radieschen sowie Leguminosen benötigen hingegen keine frische Komposterde vor ihrem Anbau.

Sanfte Bodenbearbeitung – Pflanzenwachstum fördern und Bodenleben schonen

Damit die Bodenorganismen in Ruhe ihre Arbeit tun können, sollten wir häufige Bodenstörungen vermeiden. Dazu zählt auch ein tiefgründiges Umstechen mit dem Spaten, denn es verursacht Chaos im Boden, wenn die unteren Bodenschichten mit ihren Bewohnern nach oben und die bodennah lebenden Organismen nach unten befördert werden. Auch für das Bodengefüge bringt es keine Vorteile. Dennoch kann eine Bodenlockerung ab und zu sinnvoll sein, etwa bei verdichteten Böden. Schwere Böden mit hohem Anteil an Ton, Lehm oder Schluff neigen besonders zu Verdichtungen. Diese führen zu einer Sauerstoffarmut im Boden. Die Bodenwelt und auch die Pflanzenwurzeln brauchen jedoch Luft zum Atmen – herrscht permanenter Sauerstoffmangel, wird das Bodenleben inaktiv. Dagegen kann eine tiefgehende und schonende Bodenlockerung mit Sauzahn, Grabegabel oder Gartenkralle Abhilfe schaffen. Durch die Bewegung der Gartengeräte im Boden wird die Erde gelockert und belüftet. Das Bodenleben kann aufatmen. Eine Tiefenlockerung erfolgt üblicherweise vor dem Anbau der Kulturen.

˄ Durch Gießen wird der Boden verschlämmt und nach und nach verdichtet.

‹ Bodenlockerung ist für das Pflanzenwachstum wichtig.

^ Regelmäßige Bodenlockerung hält den Boden luftig. Die Wachstumsprozesse funktionieren.

Manchmal entsteht auch bei humusreichen oder leichten Böden eine Verdichtung. Diese ist meist nur oberflächlich und kann zum Beispiel durch starken Regen oder Gießen entstehen. Diese oberflächlichen Verkrustungen wirken wie eine Sperrschicht und verhindern ebenfalls eine Sauerstoffzufuhr in den Boden. Hat sich bereits eine Verkrustung gebildet, kann man diese mit einem Rechen oder Handkultivator aufrauen, und schon kann der Boden wieder Sauerstoff aufnehmen und das Bodenleben durchatmen. Auch eine Schicht aus Mulch oder Komposterde wirkt oberflächlichen Verdichtungen entgegen. Die Bodenlockerung nahe an der Oberfläche kann während der gesamten Vegetationsperiode durchgeführt werden. Eine Grundregel ist dabei jedoch zu beachten: keine Bodenbearbeitung unmittelbar nach starkem Regen! Denn dadurch kann es zur Zerstörung der Bodenstruktur und zu noch stärkerer Verdichtung kommen.

Gartengeräte und Techniken

Zur Lockerung und Belüftung des Bodens gibt es unterschiedliche Werkzeuge und Bearbeitungstechniken. Je nach Boden und Verdichtungsgrad wählt man jene Methode, die zu einem passt.

Die Gartenkralle – lockerer Boden im Handumdrehen

Die Gartenkralle dient als Vertikutierer und wird drehend eingesetzt. Die Zinken sind rundum angeordnet. Der obere Griff wird wie ein Riesenkorkenzieher von einer Seite zur anderen gedreht. Dann wird die Gartenkralle aus der Erde genommen und wenige Zentimeter daneben wieder in den Boden gedrückt und wieder gedreht. Dieser Vorgang wird so lange wiederholt, bis das Beet vollständig gelockert ist. Die Gartenkralle ist für die Lockerung von leichten Böden geeignet. In einem lehmigen schweren Boden kann die Drehbewegung kaum ausgeführt werden.

Die Grabegabel – das klassische Gartenwerkzeug

Mit der Grabegabel sticht man in den Boden und bewegt sie anschließend vor und zurück. Dann zieht man die Gabel heraus und sticht etwa fünf bis zehn Zentimeter weiter vorne wieder in den Boden und bewegt die Grabegabel abermals vor und zurück. Diesen Vorgang wiederholt man, bis das gesamte Beet gelockert ist. Grabegabeln gibt es auch als Doppelgrabegabeln in breiten Ausführungen mit zwei Halterungen und teilweise mit einer Auftrittsfläche an den unten laufenden Zinken, sodass eine rasche und effiziente Bodenlockerung möglich ist. Diese Technik kann bei verdichteten schweren Böden angewandt werden.

(Hand-)Kultivator und Rechen – die Vielseitigen

Bei der Lockerung mit dem Rechen wird das Gerät oberflächlich mit kurzen ruckartigen Bewegungen hin und her gezogen. Besonders noch unbepflanzte oder spärlich bewachsene Beete können mit dem Rechen rasch gelockert werden. Sind die Abstände zwischen den Pflanzen zu gering, verwenden wir den (Hand-)Kultivator für die Bodenbearbeitung. Dieser wird – ähnlich wie der Rechen – mit kurzen und ruckartigen Bewegungen vor und zurück gezogen. Die obere Bodenschicht wird gelockert und auch unerwünschter Bewuchs wird entfernt. Der Rechen und der (Hand-)Kultivator eignen sich besonders für eine einfache, oberflächliche Bodenlockerung.

Der Sauzahn – ein Zinken mit Tiefenwirkung

Der Sauzahn ist ein einzinkiger Bodenkultivator mit einer halbrunden Metallzinke. An dieser befindet sich der Stiel. Man zieht den Sauzahn, ähnlich einem Pflug, so tief wie möglich durch die Erde. Das Bodengefüge bleibt erhalten, wird aber gelockert. Diese Bearbeitung erfolgt diagonal zum Beet. Die Abstände zwischen den Bearbeitungsreihen sollten zwischen 15 und 25 Zentimetern liegen. Anschließend wird der Sauzahn auch von der anderen Seite diagonal geführt, sodass ein Rautemuster entsteht.

Bodenabdeckung durch Mulch

Besonders im Gemüsegarten sollten wir darauf achten, dass die Bodenaktivität nie zum Erliegen kommt. Damit das sowohl an heißen Sommertagen als auch an kühlen Herbsttagen so bleibt, können wir den Boden mit einer schützenden Mulchschicht bedecken. Unter Mulch wird eine Schicht aus organischem oder mineralischem Material verstanden, das zwischen den Pflanzen auf den Boden aufgebracht wird. Die Schicht schützt den Boden vor den Auswirkungen von Wetterextremen, reguliert die Bodentemperatur und sorgt dadurch für gleichmäßigere Lebensbedingungen im Erdreich – die Bodenlebewesen lieben das. Denn bei zu extremer Witterung – ob Hitze oder Kälte, Trockenheit oder Nässe – ziehen sich viele Bodentiere in tiefere Erdschichten zurück oder verfallen in eine Ruhephase und stellen ihre Aktivität ein. Beides aber wollen wir im Gemüsegarten vermeiden. Inaktive oder fehlende Bodenorganismen führen nämlich dazu, dass unsere Kulturpflanzen nicht optimal versorgt sind und dann auch weniger gut wachsen. Je nachdem, welches Mulchmaterial wir verwenden, können wir den Boden auch zusätzlich mit Nährstoffen versorgen. So zersetzen sich organische Materialien wie etwa Rasenschnitt langsam und reichern den Boden mit wertvollen Nährstoffen an, von denen die Pflanzen profitieren. Dadurch muss weniger gedüngt werden.

‹ Geht es dem Boden und seinem Bodenleben gut, dann wachsen unsere Gemüse optimal und wir haben eine gute Ernte.

^ Mulch hat viele Vorteile. Unter anderen schützt er den Boden vor direkter Sonneneinstrahlung und Austrocknung.

Von einem gemulchten Boden profitieren meist auch wir. So schützt eine Mulchschicht den Boden nicht nur vor zu viel Nässe und Erosion, sondern auch vor Austrocknung, indem sie die Verdunstung von Wasser reduziert. Dadurch kann der Boden Feuchtigkeit besser speichern und wir können uns einiges an Gießarbeit ersparen. Nur bei extremer Hitze oder anhaltenden Trockenphasen müssen wir die Beete im Nutzgarten zusätzlich gießen. Außerdem kann die Bodenabdeckung die Keimung von Unkraut unterdrücken und dadurch die Pflanzen vor unerwünschter Konkurrenz schützen, da es diese nicht schafft, durch die Mulchschicht hindurchzuwachsen. Etwas aufpassen muss man allerdings, dass mit dem Mulch keine unerwünschten Gartenbewohner angelockt werden. Ist die Mulchschicht etwa zu dick aufgetragen, bietet sie Mäusen oder anderen Wühlern ideales Versteck vor Fressfeinden. Werden feuchtigkeitsspeichernde Materialien verwendet, fühlen sich besonders Schnecken angezogen.
Natürlich eignen sich nicht alle Mulchmaterialien gleich gut für alle Pflanzen und Einsatzmöglichkeiten. Eine Übersicht über verschiedene Materialien findet sich auf der nachfolgenden Seite.

Mulchmaterialien im Überblick

Im Nutzgarten eignen sich viele unterschiedliche organische Materialien zum Mulchen.

Komposterde

Komposterde eignet sich als Mulch, wenn wir neben der Bodenabdeckung auch reichlich Nährstoffe zuführen wollen, weil wir Starkzehrer wie Tomaten pflanzen. Die Komposterde kann gut fünf Zentimeter dick aufgetragen werden.

Laub

Laub ist besonders für Gemüse-, Blumen- und Strauchbeete geeignet. Wenn es im Herbst von den Bäumen fällt, wird es auf die Beete in Schichtdicken von einigen Zentimetern verteilt. Laub von Walnussbäumen, Eichen, Platanen oder immergrünen Gehölzen sollten wir jedoch nicht verwenden, weil sie Gerbstoffe enthalten und sehr lange zur Verrottung brauchen.

Rasenschnitt und Heu

Rasenschnitt ist sowohl für Gemüsebeete als auch für Strauchpflanzungen geeignet, um Feuchtigkeit gut zu speichern. Der Rasenschnitt wird als dünne Schicht aufgetragen. Dafür sollte er bereits leicht angetrocknet sein, denn feuchter Rasenschnitt kann leicht faulen.

Heu ist ähnlich wie Rasenschnitt für Gemüse- und Gehölzbeete zu verwenden. Da es Feuchtigkeit gut aufnimmt, wird es ebenfalls nur als dünne Schicht aufgetragen.

Stroh

Stroh ist besonders im Nutzgarten bei Erdbeeren und Gurken zu empfehlen, weil es durch die grobe Struktur luftig bleibt und Feuchtigkeit nicht so rasch aufnimmt. Da es auch sehr langsam verrottet, ist vor dem Aufbringen des Strohs eine Kompostgabe zu empfehlen.

Papier und Karton

Papier und Karton sind im Gemüseanbau als Ersatz für Kunststofffolien häufig in Verwendung. Sie decken den Boden komplett ab und verhindern so jegliches Aufkommen von unerwünschtem Bewuchs. Das ist im Nutzpflanzenanbau sehr angenehm. Allerdings ist darauf zu achten, dass Papier und Karton nicht mit giftiger Druckfarbe bedruckt sind, denn dann würden sie unser Gemüse, unsere Lebensmittel kontaminieren.

Weitere Mulchmaterialien

Für Blumenbeete und Strauchpflanzungen im Ziergarten kann sowohl organisches als auch mineralisches Material verwendet werden. Organische Mulchstoffe, wie die oben angeführten, aber auch Rindenmulch lassen sich gut im Ziergarten einsetzen. Wichtig bei der Verwendung von Rindenmulch ist eine Düngergabe, denn beim Abbau des Materials wird dem Boden Stickstoff entzogen. Mineralische Mulchstoffe wie Kies, Splitt oder Sand kommen in Pflanzungen zur Verwendung, bei denen der Nährstoffgehalt des Bodens gering bleiben soll. Vor allem an sonnigen Standorten eignet sich mineralischer Mulch. Er wird in Schichtstärken von etwa fünf bis zehn Zentimetern dick aufgetragen.

Eine innige Freundschaft

Es gibt Pflanzen, die einen Weg gefunden haben, Stickstoff proaktiv zu produzieren: Leguminosen. Durch ihre Symbiose mit Knöllchenbakterien verfügen Leguminosen über diese einzigartige Fähigkeit. Besonders im Gemüsegarten kann uns diese spezielle Eigenschaft überaus nützlich sein, denn dadurch bleibt der Nährstoffvorrat erhalten und der Boden fruchtbar.

Die geniale Verbindung von Wurzeln und Bakterien

Jeder Teil einer Pflanze erfüllt unterschiedliche Funktionen. Blätter nehmen Sonnenlicht auf und betreiben Fotosynthese. Blüten locken Bestäubertiere an. Pflanzenwurzeln leisten verschiedene Aufgaben: Sie verankern die Pflanze im Boden, lagern Nährstoffe als Reserven ein und nehmen aktiv Wasser und Nährstoffe aus dem Boden auf. Stickstoff ist dabei das wichtigste Nährelement. Doch was ist, wenn der Stickstoff im Boden nicht verfügbar ist? Leguminosen haben hierfür eine geniale Lösung gefunden: Sie leben in Symbiose mit Bakterien, um so den Stickstoff aus der Luft binden zu können.

Beispiel Leguminosen

Leguminosen leben in inniger Symbiose mit Knöllchenbakterien. Dazu dringt das Bakterium in die Wurzeln der Wirtspflanze ein, und dort, wo sich die Knöllchenbakterien in der Wurzel befinden, entstehen kleine Knubbelchen. Doch warum gehen beide Partner diese enge Bindung ein? Sie basiert auf dem Lebensprinzip «Geben und Nehmen». Das Bakterium, auch *Rhizobium* genannt, erhält über die Wurzeln lebenswichtige Nährstoffe. Und nur gemeinsam besitzen Pflanze und Bakterium die Fähigkeit, den Stickstoff aus der Luft zu fixieren und für sich als

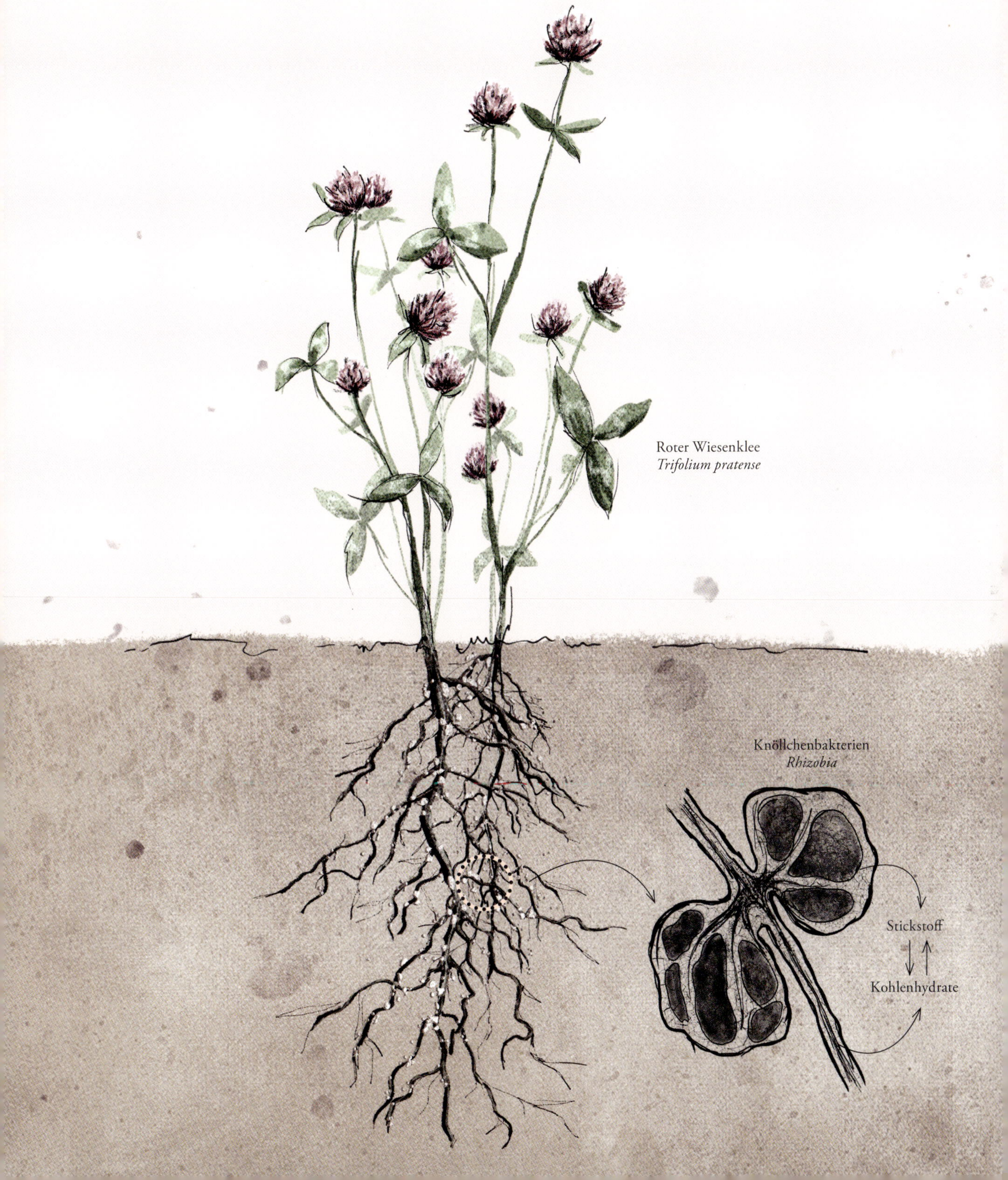
Roter Wiesenklee
Trifolium pratense
Knöllchenbakterien
Rhizobia
Stickstoff
Kohlenhydrate

Nährstoff zu nutzen. Der Stickstoff wird von den Bakterien durch ein spezielles Enzym aus der Luft aufgenommen und der Pflanze über die Pflanzenwurzeln zur Verfügung gestellt. Zur Herstellung des Enzyms benötigen die Bakterien allerdings die Pflanze. Damit der Nährstoffaustausch möglich ist, braucht es zwingend beide Symbiosepartner.

Leguminosen bringt die Nutzung des Luftstickstoffs einen riesigen Vorteil: Sie können auf Standorten mit extrem ungünstigen Lebensbedingungen wachsen; einige Leguminosenarten sind daher Pionierpflanzen. Sie besiedeln als Erste mineralische und karge Standorte und machen den Boden für nachfolgende Arten fruchtbar. Andere Leguminosenarten sind durch ihre besonderen Fähigkeiten in der Lage, sich gegenüber konkurrierenden Arten in Pflanzengesellschaften erfolgreich durchzusetzen. Die symbiotische Lebensstrategie macht Leguminosen zu besonders erfolgreichen Arten im Pflanzenreich. Mit über 20 000 Spezies ist die Pflanzenfamilie der Fabaceae, wie sie botanisch genannt wird, eine der artenreichsten. Typische Merkmale sind die meist gefiederten Blätter, die schmetterlingsförmigen Blüten und ihre Hülsenfrüchte. Letzteren haben sie ihren Familiennamen zu verdanken. Früher wurde die Pflanzenfamilie aufgrund der Blütenform als Schmetterlingsblütler bezeichnet. Einige Pflanzenarten dieser Familie sind giftig wie etwa Goldregen und Blauregen. Anderen Hülsenfrüchten wie Linsen, Bohnen und Sojabohnen kommt als Nahrungsmittel eine besondere Stellung zu, denn sie sind ein wichtiger Bestandteil unserer Ernährung.

Pflanzen bestehen zu einem erheblichen Teil aus Stickstoff. Daher ist er ihr Hauptnährelement und enorm wichtig für ihr Gedeihen. Gasförmiger Stickstoff (lateinisch: *Nitrogenium*) kommt mit rund 78 % in der Luft vor. Im Boden ist er in gelöster Form als verfügbarer Pflanzennährstoff vorhanden. In der industrialisierten Pflanzenproduktion wird dem Boden Stickstoff in Form von synthetischen Düngemitteln zugeführt. Das führt zwar zu Ertragssteigerungen, oftmals aber auch zur Überdüngung des Bodens. Es kommt mittel- und langfristig zur Anreicherung von Salzen und einer Versauerung der Böden und das Bodenleben verschwindet, weil es sich in diesem Milieu nicht wohlfühlt. Und Kulturpflanzen werden dadurch anfällig gegen Krankheiten und Schädlinge. Was nützt also viel Masse, wenn ihre Qualität minderwertig ist? Im biologischen Gartenbau hingegen wird Stickstoff im Boden über Komposterde, aktives Bodenleben, Gründüngung und stickstoffbindende Hülsenfrüchte angereichert.

› An den Wurzeln der Leguminosen bilden sich die Knöllchen der namensgebenden Bakterien.

˘ Roter Wiesenklee ist eine typische Art unserer Wiesen und Weiden. Da Klee nahrhaft ist, wird er als Viehfutter geschätzt.

ˆ Die Indigolupine oder Färberhülse ist eine Zierpflanze. Sie ist in den Prärien Nordamerikas beheimatet.

‹ Die Ackerbohne ist auch als Puff-, Pferde- oder Saubohne bekannt. Sie dient als Zwischenfrucht im Ackerbau.

Belebende Bodenkur für das Gemüsebeet

Durch die Symbiose von Leguminosen und Knöllchenbakterien wird auf natürliche Weise Stickstoff im Boden angereichert. Die Stickstofffixierung wiederum aktiviert das Bodenleben. Durch diese beiden Prozesse – Nährstoffbindung und Bodenbelebung – bleibt die Erde fruchtbar und locker. Das ist im Gemüsegarten überaus nützlich und hilfreich. Denn hier werden dem Boden durch den Anbau und die Ernte von Nutzpflanzen ständig Nährstoffe entzogen, was bei dauerhaftem Gemüseanbau zu Nährstoffarmut im Boden führt. Das Ergebnis: Die Bodenfruchtbarkeit lässt nach und unser Gemüse will nicht mehr recht wachsen. Um diesem Prozess auf natürliche Weise entgegenzuwirken, bauen wir in regelmäßigen Abständen Leguminosen als Zwischenfrucht an. Durch die Stickstofffixierung und ihr tiefgreifendes Wurzelwerk halten sie den Boden vital.

Erbsen und Bohnen als regenerierende Zwischenkultur

In der Küche schätzen wir Hülsenfrüchte wie Erbsen und Bohnen als wertvolle und vielseitig verwendbare Lebensmittel. Mit ihnen lassen sich unzählige schmackhafte und gesunde Gerichte zubereiten. Und im Garten sind Hülsenfrüchte eine wichtige Zwischenkultur zur Bodenregeneration. Etwa alle vier Jahre sollten wir sie als Zwischenfrucht kultivieren. So halten wir den Boden stickstoffreich und locker. Erbsen und Bohnen zusammen sind allerdings keine guten Kulturpartner, aber die Leguminosen können durchaus mit anderen Nutzpflanzen wie Dill, Grünkohl und Kohlrabi in Mischkultur angebaut werden (siehe Seite 52 ff.).

Nicht nur der Boden profitiert vom Anbau, auch wir genießen Vorteile, denn Hülsenfrüchte zählen zu den pflegeleichten und anspruchslosen Gemüsekulturen mit geringem Wasserverbrauch. Selbst im Wochenend- oder Topfgarten können wir mit guter Ernte rechnen. Und es gibt unglaublich viele unterschiedliche Bohnensorten und einige Erbsensorten, die wunderbar im Garten funktionieren. Außerdem sind die Blätter und Blüten der Pflanzen durchaus attraktiv – eine Zierde für jeden Küchengarten.

^ Stangen- und Feuerbohnen sind sehr wüchsig und brauchen eine stabile Rankhilfe.

Gärtnern wie die Mayas: das Milpa-Beet

Bereits die Mayas wussten, welche schmackhaften und vielseitig verwendbaren Nutzpflanzen gemeinsam funktionieren: Mais, Bohnen und Kürbis. Diese Mischung ist als «Milpa-Beet» bekannt. Milpa bedeutet übersetzt so viel wie «das nahe Feld». Die Anbaumethode der Mayas beruht auf der Kombination von stickstofffixierenden Bohnen mit den Starkzehrern Mais und Kürbis (siehe dazu Seite 38 ff.). Diese drei Kulturen waren die Hauptnahrungsgrundlage der Mayas: Bohnen lieferten die Proteine, Mais die Stärke und Kürbis sowie andere Kürbisgewächse wie Gurke, Melone und Zucchini die Vitamine. Von diesen Nutzpflanzen gibt es jeweils eine große Sortenvielfalt.
Mais ist vielseitig verwendbar: Speise-Mais kann beispielsweise gebraten oder gegrillt werden, wer Popcornmais kultiviert, hat sein eigenes Popcorn. Wer nicht am Verzehr interessiert ist, kann Ziermais anbauen. Auch Kürbisse gibt es in zahlreichen Sorten. Wer Freude am Kochen hat, kann bei den Nutzkürbissen viele Geschmacksnuancen entdecken: von fruchtig über süß bis nussig. Zierkürbisse sind in verschiedenen Farben und Formen erhältlich. Mit einem Milpa-Beet lassen sich somit Gaumenfreuden und Augenschmaus vortrefflich miteinander verbinden.

Bohnen und Erbsen anbauen

Die Gartenbohne, botanisch *Phaseolus vulgaris* ssp. *vulgaris*, ist besonders wärmeliebend. Daher ist sie erst auszusäen, wenn keine Spätfröste mehr zu erwarten sind. Dazu können die Samen direkt in die Erde gesteckt werden. Stangen- und Feuerbohnen wachsen hoch hinaus und benötigen hohe und stabile Rankhilfen. Buschbohnen wachsen ohne Rankhilfe. Einige Bohnen kann man unreif als Fisolengemüse ernten. Ausgereifte Bohnen werden ausgelesen und ihre Samen gekocht gegessen.

Erbsen, botanisch *Pisum sativum* ssp. *sativum*, lieben im Gegensatz zu den Bohnen kühlere Keimtemperaturen. Daher sollten wir sie so früh wie möglich im Frühling aussäen. Auch eine Herbstaussaat ist möglich. Obwohl Erbsen nicht besonders hoch wachsen, brauchen sie eine Rankhilfe aus gekreuzten Zweigen und Ästchen. Die zarten Sprosse und Zuckerschoten können in der Küche verwendet werden. Von den ausgereiften Erbsen lösen wir die Samen aus.

^ Erbsen haben weiße Blüten. Ihre Hauptbestäuber sind Hummeln.

‹ Die Spaghettibohne ist nicht nur schmackhaft, sondern auch sehr dekorativ.

Was?	Wann?	Wie?	Gut zu wissen
Buschbohne *Phaseolus vulgaris* ssp. *vulgaris* var. *nanus*	» Aussaat: Mitte Mai bis Ende Juni » Ernte: ab Anfang Juli	» Keine Rankhilfe nötig. » Abstand in der Reihe: 10–15 cm » Reihenabstand: 40–50 cm » Aussaattiefe: ca. 2–3 cm	» Grün-, gelb- und violetthülsige Sorten als Trocken- und Lagerbohne geeignet. » Wenig windempfindlich und anspruchslos.
Feuer- / Käferbohne *Phaseolus coccineus*	» Aussaat: Ende April bis Ende Juni » Bohnen-Ernte: ab Ende Juli » Samen-Ernte: ab Mitte September	» Robuste Rankhilfe bis ca. 200 cm Höhe nötig. » Abstand in der Reihe: 40 cm » Reihenabstand: 100 cm » Aussaattiefe: ca. 2–3 cm	» Liebt feucht-kühles Klima, besonders für Höhenlagen geeignet. » Bei Hitze üppige Blüte, aber weniger Fruchtansatz.
Acker- / Puffbohne, auch als «Dicke Bohne» bekannt *Vicia faba*	» Aussaat: ab Mitte Februar, so früh wie möglich » Ernte: ab Mitte Juni	» Keine Rankhilfe nötig. » Abstand in der Reihe: 20 cm » Reihenabstand: 40 cm » Aussaattiefe: ca. 5–8 cm	» Wächst gut in kühlfeuchtem Klima. » Verträgt leichte Minustemperaturen.
Stangenbohne *Phaseolus vulgaris* ssp. *vulgaris* var. *vulgaris*	» Aussaat: Anfang Mai bis Ende Juni » Ernte: ab Mitte Juli	» Robuste Rankhilfe bis ca. 200 cm Höhe nötig. » Abstand in der Reihe: 40 cm » Reihenabstand: 100 cm » Aussaattiefe: ca. 2–3 cm	» Grün-, gelb- und violetthülsige Sorten, Spaghettibohnen-Sorten » Geeignet als Rankhilfe sind Gitter, Stangen, dicke Schnüre.
Markerbse *Pisum sativum* ssp. *sativum* Medullare-Gruppe	» Aussaat: Anfang April bis Ende Mai » Ernte: ab Juni bis Mitte August	» Rankhilfe für niedrige Sorten nicht unbedingt nötig. » Abstand in der Reihe: 4–6 cm » Reihenabstand: 30–50 cm » Aussaattiefe: ca. 3 cm	» Samen sind im reifen Zustand runzelig. » Als Konserven- und Tiefkühlerbsen geeignet. » Samen bleiben beim Kochen hart.
Schal- / Palerbse *Pisum sativum* ssp. *sativum* Sativum-Gruppe	» Aussaat: Anfang März bis Ende Mai » Ernte: ab Anfang Juni bis Mitte August		» Glattschalige und besonders stärkereiche Samen für Suppen und Eintöpfe.
Zuckererbse *Pisum sativum* ssp. *sativum* Macrocarpon-Gruppe	» Aussaat: Anfang März bis Ende Mai » Ernte: ab Anfang Juni bis Mitte August		» Junge Erbsen können mit Hülse gegessen werden. » Reife Samen bleiben auch beim Kochen hart.

Ein Milpa-Beet anlegen

Das Milpa-Beet eignet sich besonders gut für Gärtnerinnen und Gärtner, die noch wenig Erfahrung im Gemüseanbau haben oder die nicht so viel Zeit zum Gärtnern haben, denn die Arten sind relativ einfach zu kultivieren und benötigen kaum Pflege. Bohnen und Kürbis sehen sowohl im Blüten- als auch im Fruchtstand attraktiv aus. Auch Maispflanzen machen sich optisch gut im Beet. Alle drei Gewächse sind sehr wärmeliebend. Daher legen wir das Beet erst im Mai an. In die Beetmitte pflanzen wir zwei oder drei Kürbispflanzen. Zu beiden Seiten säen wir den Mais in einem Abstand von etwa 40 Zentimetern innerhalb der Reihe an. Zwischen den Maisreihen sind etwa 60 bis 80 Zentimeter Abstand einzuhalten. Wenn der Mais gekeimt und schon etwas gewachsen ist, säen wir die Bohnen zwischen den Maispflanzen aus: Zu jeder Maispflanze werden drei Bohnensamen im Abstand von jeweils 10 Zentimetern gesteckt. Der Mais dient als natürliche Rankhilfe und die Bohnen können später an der Maispflanze emporwachsen. Währenddessen breitet sich der Kürbis am Boden aus. Ab dem Spätsommer kann geerntet werden. Auch diese Kombination sollten wir nicht jedes Jahr am selben Platz anbauen, sondern im Rotationsprinzip (siehe Seite 65) mit anderen Kulturen abwechseln.

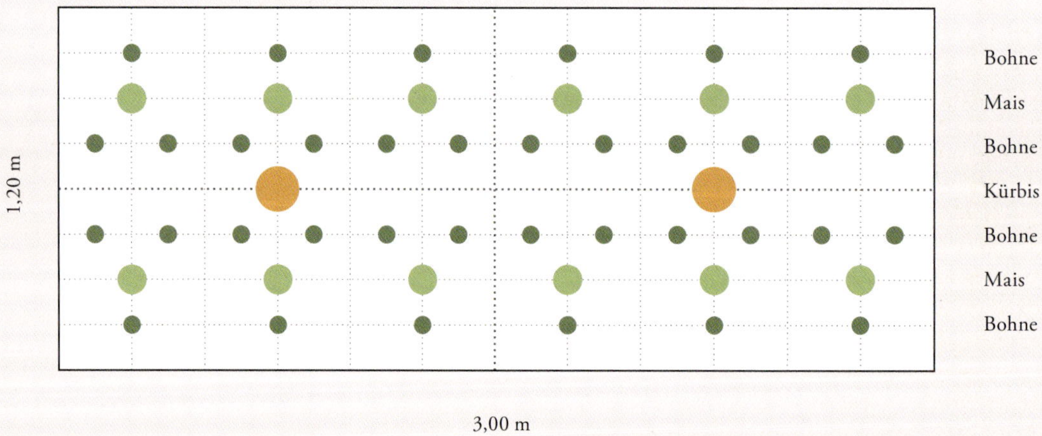

Mais
Zea mays
Kürbis
Cucurbita sp.
Bohne
Phaseolus sp.

Gründüngung – Erholungskur für den Boden

Die Gründüngung ist eine Methode, um die Bodengesundheit und -fruchtbarkeit zu erhalten. Dafür werden bestimmte Pflanzenarten wie Leguminosen, Buchweizen, Gelbsenf oder Ringelblume angesät, nach einigen Wochen abgeschnitten und das Schnittgut in den Boden eingearbeitet. Die Gründüngungspflanzen erfüllen mehrere Funktionen: Während des Wachstums durchwurzeln sie intensiv den Boden. Sie bedecken ihn und schützen den Boden so vor Austrocknung, Erosion, aber auch vor unerwünschten Unkräutern.
Je nach Art erfolgt die Aussaat von Frühjahr bis Herbst und eignen sich die Gründüngungspflanzen als Vor-, Zwischen- und Nachsaat. Damit es zu keiner unerwünschten Selbstaussaat der Arten kommt, sind die Pflanzen vor dem Fruchtansatz zu schneiden. Die in den Boden eingearbeitete Grünmasse dient den Bodenlebewesen als Nahrung. Bei der Zersetzung werden die Nährstoffe wieder freigesetzt und stehen dann der nächsten Kultur zur Verfügung.

˄ Auch Sonnenblumen werden für die Gründüngung verwendet.

‹ Die Ackerbohne ist nicht nur schön, ihre Bohnen können auch in der Küche verwendet werden.

Zu beachten ist, dass die Fruchtfolge (siehe Seite 65) eingehalten wird. Werden beispielsweise Kleearten zur Stickstoffanreicherung angebaut, dürfen zuvor und danach keine Leguminosen kultiviert werden. Pflanzen wir Kreuzblütler, zu denen alle Kohlarten zählen, sollten wir anschließend keine Kreuzblütler wie Gelbsenf als Gründünung anbauen. Wir können das Gemüsebeet auch ein Jahr brachliegen lassen und einfach unterschiedliche Gründüngungspflanzen im Folgeanbau kultivieren, beispielsweise im zeitigen Frühjahr Spinat, gefolgt von einer Blumenmischung aus Ringelblumen, Phacelia, Sonnenblumen und abschließend im Herbst Buchweizen. Die Gründüngung tut nicht nur dem Boden gut, die blühenden Pflanzen dienen dann auch als Insektenmagnet, der Bestäuber anlockt.

Art	**Eigenschaften und Verwendung**	**Einschränkungen in der Fruchtfolge**	**Aussaattermin**
Ackerbohne *Vicia faba*	guter Stickstofflieferant, als Vorfrucht für Starkzehrer	mehrjähriger Abstand zu Erbsen und Bohnen	Ende Februar bis September
Buchweizen *Fagopyrum esculentum*	anspruchslos, raschwüchsig, schnelle Bodenbeschattung, fördert Bodengesundheit, gute Nachsaat, Bienenweide	fruchtfolgeneutral, nur nicht in Folge mit Speisebuchweizen	Ende April bis August
Gelbsenf *Sinapis alba*	raschwüchsig, gut und schnell deckend, intensive Durchwurzelung des Oberbodens	nicht vor anderen Kreuzblütlern wie Kraut, Radieschen, Rettich	April bis September
Luzerne *Medicago sativa*	guter Stickstofflieferant, tiefreichendes Wurzelwerk, kann zur Unkrautunterdrückung mehrere Jahre stehen bleiben	nicht vor Leguminosen	(März) April bis September
Phacelia *Phacelia tanacetifolia*	raschwüchsig, gute Bodenbeschattung, kräftige Wurzeln, ergibt gute Bodenstruktur, fördert Bodengesundheit, Bienenweide	fruchtfolgeneutral	April bis Anfang September, für Blüte bis Anfang August
Ringelblume *Calendula officinalis*	gut bodendeckend, fördert die Bodengesundheit, macht feinkrümelige Erde, Bienenweide	fruchtfolgeneutral	März bis August
Spinat *Spinacea oleracea*	raschwüchsig, gut bodendeckend, schafft gute Bodenstruktur, Blattgemüse	fruchtfolgeneutral, nur nicht vor Spinat oder anderen Gänsefußgewächsen	März bis April, Mitte August bis Anfang September
Sonnenblume *Helianthus annuus*	viel Grünmasse, lockert auch tiefe Bodenschichten, über den Winter stehen lassen, gut für Nützlinge, Bienenweide	nicht vor anderen Korbblütlern	Mitte April bis Ende August

Pflanze & Pflanze: Geselligkeit bringt Vorteile

Der Garten ist für die meisten von uns ein Ort, an dem wir uns wohlfühlen, vielleicht sogar dem Paradies auf Erden am nächsten fühlen. Und wir können ihn nach unseren Vorstellungen gestalten: Wenn wir beispielsweise Nutz- und Zierpflanzen anbauen, können wir sowohl kulinarische als auch ästhetische Genüsse miteinander verbinden. Doch Pflanzen leben nicht einfach nur nebeneinanderher – sie wirken aufeinander ein und beeinflussen sich gegenseitig. Klingt spannend? Wenn es uns gelingt, jene Arten miteinander zu kombinieren, die harmonieren und positiv aufeinander wirken, dann ... – ja, was passiert dann wohl? Vielleicht fühlen sich unsere Pflanzen dann einfach ein bisschen wohler und sind dadurch etwas gesünder und robuster gegenüber Schadorganismen. Vielleicht wachsen sie auch einfach ein bisschen besser und sind dadurch noch schmackhafter. Klingt jedenfalls vielversprechend. Und es ist allemal einen Versuch wert, geeignete Partnerpflanzen zusammenzubringen und zu beobachten, was dann in unserem Garten passiert.

Die phänomenale Mischkultur

Manchmal ist es im Gemüsegarten schon verflixt: Kleine Maden durchbohren unseren zarten Lauch, Erdflöhe durchlöchern unseren Rucola. Was geschieht da bloß? Wir brauchen eine Lösung, eine effektive und biologische Methode, um diese Schadorganismen fernzuhalten. Kann uns dabei vielleicht die Mischkultur mit einander gewogenen Partnerpflanzen helfen?

Vielfalt – ein Erfolgsrezept der Natur

Die Mischkultur im Nutzgarten ist keine Erfindung der Menschen, sondern die Übertragung dessen, was uns die Natur vorlebt. Denn in natürlichen Pflanzengesellschaften finden sich oftmals gemischte Bestände unterschiedlicher Pflanzenarten. Doch weshalb ist das so? Welche Vorteile bringt das den Gewächsen? Tatsächlich scheint das gemeinschaftliche Zusammenleben unterschiedlicher Spezies gewisse Lebensvorteile zu bieten im Vergleich zu Reinbeständen der gleichen Art. Eine Erklärung könnte sein, dass unterschiedliche Arten sich besser miteinander arrangieren können, da sie nicht die gleichen Lebensbedürfnisse nach Licht, Nährstoffen, Wasser und Wuchsraum haben.

Beispiel wild wachsender Gemüsespargel

Betrachten wir einen wild vorkommenden Gemüsespargel: Er wächst in der Natur gemischt mit anderen Arten wie Echter Winterkresse, Gewöhnlicher Wegwarte oder Gewöhnlichem Löwenzahn zusammen. Der Gemüsespargel schießt gerne hoch hinaus, braucht aber wenig Wuchsraum. Die Gewöhnliche Wegwarte und der Gewöhnliche Löwenzahn hingegen bilden bodennahe Blattrosetten aus. Der Löwenzahn blüht im Frühling, wenn er noch nicht von Wegwarte und Spargel überwachsen ist. Die Wegwarte bildet lange sparrige Sprosse aus und blüht ab dem

Gemüsespargel
Asparagus officinalis
Gewöhnliche Wegwarte
Cichorium intybus
Löwenzahn
Taraxacum officinale aggr.
Echte Winterkresse
Barbarea vulgaris

Sommer. Die Echte Winterkresse ist ein niederwüchsiges kurzlebiges Kraut, das mit seinem grünen Blattwerk den Winter überdauert und im Frühling nach der Blüte oberirdisch verschwindet. Die Arten unterscheiden sich also sowohl in ihren Lebenszyklen als auch in ihren Wuchsformen. Jede Art findet in Gemeinschaft mit den anderen Pflanzenarten ihre zeitliche und räumliche Nische, sie steht nicht in Konkurrenz zu ihresgleichen und muss sich demzufolge auch nicht um Licht, Wasser und Wuchsraum behaupten. Ein weiterer Vorteil ist die im Vergleich zu Reinbeständen deutlich geringere Wahrscheinlichkeit, von Schadorganismen heimgesucht zu werden, da unterschiedliche Pflanzenarten von jeweils spezifischen Bakterien, Pilzen oder gefräßigen Tierchen befallen werden. Das Spargelhähnchen, eine Käferart, ist eben auf Spargelpflanzen spezialisiert. Und so putzig der Name des Käfers auch klingen mag, seine Larven haben einen unheimlich großen Appetit auf Spargel. Wächst neben dem Spargel aber eine andere Pflanzenart, wird diese von dem Spargelhähnchen nicht befallen. Selbst wenn also ein Befall durch einen Schadorganismus erfolgt, ist der Schaden gering, weil andere Pflanzenarten verschont bleiben; das Risiko eines Totalausfalles minimiert sich. Außerdem werden sich die Spargelhähnchen nicht in Massen vermehren, wenn es nur einige wenige Spargelpflanzen gibt. Die Mischkultur bietet den einzelnen Arten also insgesamt zahlreiche Lebensvorteile, sie macht die Pflanzen stärker und vitaler.

˄ Auch der Zwölfpunkt-Spargelkäfer ernährt sich von Spargelpflanzen.

‹ Die Larven des Zwölfpunkt-Spargelkäfers lieben Spargellaub.

˄ Grünspargel kommt natürlich an warmen Standorten vor.

˄ Die Wegwarte blüht ab dem Sommer.

› Die Echte Winterkresse ist ein früh blühender Kreuzblütler. Die Blätter sind essbar.

Prima und dufte Partner im Gemüsebeet

Können wir das, was uns die Natur vorlebt, auch im Nutzgarten anwenden? Ja. Und es klappt wunderbar. Denn die Mischung zwischen zwei artverschiedenen Partnerpflanzen – beispielsweise von Möhre und Zwiebel – kann tatsächlich positive Effekte haben: Die Möhre hält mit ihrem Duft die Zwiebelfliege von der Zwiebel fern, umgekehrt hält der Zwiebelduft die Möhrenfliege von der Möhre fern. Die jeweiligen Ausscheidungen und verströmenden Aromen der beiden Partnerpflanzen können also über und unter der Erde wirksam gegenüber möglichen Schadorganismen sein. Da beide Partner unterschiedlichen Pflanzenfamilien angehören, konkurrieren sie auch nicht um die gleichen Nährstoffe. Bei dieser Art des geselligen Zusammenlebens ist es demnach ein komplexes Zusammenspiel der Verschiedenheit, das den Partnern einen Lebensvorteil verschafft.

Ein großer Vorteil der Mischkultur – was miteinander im Beet wächst – und Fruchtfolge – was nacheinander angebaut wird – ist neben der gegenseitigen Pflanzenstärkung die Möglichkeit einer durchgängigen Abfolge von Gemüse- und Kräuteranbau. Durch die unterschiedlichen Anbauzeitpunkte und Reifezeiten der Kulturpflanzen gibt es das ganze Jahr hindurch etwas zu ernten.

Wichtige Pflanzenfamilien im Gemüsegarten

Weltweit gibt es über 400 Pflanzenfamilien. Unsere Gemüsepflanzen im Küchengarten umfassen nur etwa 15 unterschiedliche Familien. Können wir unsere Gemüse und Kräuter ihren Familien zuordnen, gelingt es uns besser, Fruchtfolgen zu planen. Denn zwischen Gewächsen aus gleichen Pflanzenfamilien empfiehlt es sich eine Kulturpause von mindestens drei Jahren einzuhalten. Mit Fruchtfolge ist eine zeitliche Abfolge von Kulturen aus unterschiedlichen Pflanzenfamilien im Nutzpflanzenanbau gemeint. Wenn wir beispielsweise Mangold anbauen, kultivieren wir erst wieder im vierten Jahr Mangold oder ein anderes Gänsefußgewächs wie Spinat oder Rote Bete an derselben Stelle.

Neben der Fruchtfolge ist zusätzlich der Nährstoffanspruch der Kulturen zu beachten. Gemüsearten der Kreuzblütler etwa haben sehr unterschiedliche Nährstoffbedürfnisse. Während Blumenkohl und Grünkohl zu den Starkzehrern, also Gemüsen mit hohem Nährstoffbedarf zählen, gehören Kohlrabi und Rettich zu den Mittelzehrern. Radieschen und Rucola hingegen kommen mit wenigen Nährstoffen aus und sind Schwachzehrer.

Durch die Abwechslung und Kombination von Gemüsen und Kräutern aus verschiedenen Pflanzenfamilien mit unterschiedlichen Nährstoffbedürfnissen erhalten wir die Pflanzengesundheit der Kulturen und wir beugen Krankheiten und unliebsamem Befall von Gartenschädlingen vor. Zudem fördern wir durch die Abwechslung die Vitalität und Gesundheit des Bodens.

Familie	Starkzehrer	Mittelzehrer	Schwachzehrer
Doldenblütler	Wurzelgemüse wie Knollensellerie, Stangensellerie	Wurzelgemüse wie Möhre, Pastinak, Wurzelpetersilie, Knollenfenchel, Petersilie	Kräuter wie Dill, Fenchel, Kerbel
Gänsefußgewächse	-	Mangold, Rote Bete	Spinat, Gartenmelde
Geißblattgewächse	-	-	Feldsalat
Hülsenfrüchtler	-	-	Bohne, Erbse, Linse, Soja
Korbblütler	Sonnenblume, Artischocke, Cardy, Tagetes	Blattsalate wie Kopf-, Pflück-, Romano- und Knacksalat, Endivie, Zichorie, Radicchio, Frieseé, Schwarzwurzel	Haferwurzel, Topinambur, Ringelblume
Kreuzblütler	Kohlgewächse wie Weiß- und Rotkohl, Grünkohl, Blumenkohl, Rosenkohl, Brokkoli, Pak Choi	Kohlrabi, Chinakohl, Rettich, Mairübe, Herbstrübe	Radieschen, Rucola, Gartenkresse, Asia-Salate
Kürbisgewächse	Gurke, Zucchini, Kürbis, Melone	-	-
Lauchgewächse	Lauch	Knoblauch, Zwiebel, Schalotte	Schnittlauch, Winterheckenzwiebel
Lippenblütler	-	Basilikum	Majoran
Nachtschattengewächse	Kartoffel, Tomate, Paprika, Aubergine, Andenbeere	-	-
Weitere Familien	Mais, Spargel	-	-

Wer hilft sich? Wer mag sich? Und warum?

Pflanzen stehen nicht immer in Wachstumskonkurrenz zueinander, sondern sie können tatsächlich positiv aufeinander wirken. Manche Pflanzenarten halten durch ihre Duftstoffe unliebsame Fressfeinde und Krankheiten von ihren Partnergewächsen fern. Einige tun das durch ihre oberirdischen Pflanzenteile wie Blätter und Blüten wie beispielsweise Knoblauch und Kartoffel. Andere Arten scheiden ihre abschreckenden Stoffe über die Wurzeln aus wie etwa Studentenblume und Zinnie. Manchmal sind diese Wurzelausscheidungen auch wachstumsstimulierend wie bei Spinat oder sie wirken stärkend auf ihre Nachbarpflanzen wie etwa die der Ringelblume und Kamille. Und manchmal wird durch die Aromen der Wohlgeschmack benachbarter Gemüse verfeinert, wie es etwa Kerbel und Koriander tun. Diese natürlichen Eigenschaften können wir im eigenen Garten nützen und so die Gesundheit unserer Nutzpflanzen fördern. Pflanzenchemie à la nature.

Geruchsintensive Gemüse als Abwehrpflanzen

Optimale Mischkulturpartner wirken beschützend auf ihre Nachbarn. Durch ihre Aromen halten sie ungebetene Gäste fern. Ein Beispiel sind Kartoffeln, die mit ihrem Duft die nimmersatten Kohlweißlingsraupen vom Blumenkohl abwehren. Ein anderes Beispiel sind Gartenbohne und Salat, die die lästigen (Kohl-)Erdflöhe, kleine springende Käfer, von Rucola, Radieschen und Co. fernhalten.

Art	Abwehrwirkung	Profitierende Beetpartner
Gartenbohne *Phaseolus vulgaris* ssp. *vulgaris*	Wehrt (Kohl-)Erdflöhe ab.	Beschützt alle Kohlgewächse, Rucola, Radieschen, Rettich und alle Kreuzblütler vor dem Löcherfraß der kleinen Käfer.
Kartoffel *Solanum tuberosum*	Duft hält Blattläuse und die Raupen der Kohlweißlinge fern.	Wirkt beschützend auf Bohnen, Kopfkohl, Mais, Dill, Kümmel, Melisse, Ringelblume.
Knoblauch *Allium sativum*	Duft gegen Möhrenfliegen, Erdbeer-Milben, Gallmilben an Schwarzen Johannisbeeren. Zerdrückte Knoblauchzehen in den Gängen von lästigen Wühlern halten Maulwurf und Wühlmäuse fern.	Möhren bleiben von Fliegenmaden verschont, Erdbeeren und Schwarze Johannisbeeren vor dem Befall der (Gall-)Milben. Unterirdische Gerüche der zerdrückten Knoblauchzehen schützen etwa Karotten, Paprika und Gurken vor (Wühl-)Mausfraß und grabenden Maulwürfen.
Kopf-, Pflück-, Bindesalat *Lactuca sativa*	Wehrt (Kohl-)Erdflöhe ab.	Hält bei Kohlgewächsen, Rucola, Radieschen, Rettich und allen Kreuzblütlern die kleinen Käfer fern.
Lauch *Allium ampeloprasum* ssp. *ampeloprasum*	Duft gegen Möhrenfliege.	Möhre wird vor Befall der Möhrenfliegenmaden geschützt.
Möhre *Daucus carota* ssp. *sativa*	Duft gegen Zwiebelfliege und Lauchmotte.	Verschont Zwiebel, Lauch, Knoblauch und Schnittlauch vor Befall der Maden.
Sellerie *Apium graveolens*	Duft gegen Kohlweißlingsraupen, (Kohl-)Erdflöhe und Lauchmotte.	Beschützt alle Kohlgewächse, Rucola, Radieschen, Rettich und alle Kreuzblütler vor den kleinen Käfern und den Raupen. Schützt Lauch gegen Mottenbefall.
Spinat *Spinacia oleracea*	Wehrt (Kohl-)Erdflöhe ab.	Beschützt alle Kohlgewächse, Rucola, Radieschen, Rettich und alle Kreuzblütler vor den Käfern.
Tomate *Solanum lycopersicum*	Duft gegen Kohlweißlingsraupen.	Beschützt alle Kohlgewächse wie Grünkohl, Kohlrabi und Kopfkohl.
Zwiebel *Allium cepa*	Duft gegen Möhrenfliege. Zwiebeltinktur als Blattsprühmittel gegen die Braun- und Krautfäule bei Tomaten.	Hält Möhren schadfrei. Besprühte Tomaten bleiben gegen Braun- und Krautfäule, eine Pilzkrankheit, verschont.

› Zwiebeln halten im Nutzgarten Möhrenfliegen und -motten fern.

ˇ Sellerie hält Raupen, Erdflöhe und Lauchmotten ab. Der Duft der Möhren hält die Zwiebelfliege und Lauchmotte fern.

ˆ Lauch und Sellerie sind gute Partner im Gemüsebeet.

‹ Tomaten halten Kohlweißlingsraupen von Kohlgewächsen fern.

Aromatische Kräuter als Schutzpflanzen

Gartenkräuter verfeinern nicht nur unsere Gerichte, sondern wirken durch ihre Inhaltsstoffe und Düfte positiv auf ihre Partnerpflanzen. Sie halten sie frei von Lästlingen und unliebsamen Krankheiten. So schützt Basilikum empfindliche Gurken vor der Weißen Fliege und Mehltau. Andere Kräuter verfeinern den Geschmack ihrer Beetnachbarn: Kerbel etwa verleiht Kartoffeln eine bessere Geschmacksnote.

Art	Abwehr- / Lock- / Würzwirkung	Profitierende Beetpartner
Borretsch *Borago officinalis*	Duft hält diverse Raupen, z. B. Kohlweißlinge, Gemüseeule und Tomatenschwärmer fern. Lockt Bestäubertiere wie Bienen und Hummeln an.	Beschützt Tomaten, alle Kohlgewächse, Rucola, Radieschen, Rettich und alle Kreuzblütler vor Raupen. Steigert den Ertrag von Erdbeeren, Zucchini, Paprika, Gurken, die bestäubt werden müssen.
Basilikum *Ocimum basilicum*	Duft hält Schädlinge wie die Weiße Fliege und andere schädigende Fliegen ab. Vermindert die Mehltaubildung. Lockt Bestäubertiere wie Bienen an.	Schützt Tomaten und Gurken vor Befall. Bewahrt Gurke und Zucchini vor Pilzkrankheit. Steigert den Ertrag von Tomate, Gurke und Zucchini, die bestäubt werden müssen.
Blattpetersilie *Petroselinum crispum* ssp. *crispum*	Wehrt Lauchmotte ab.	Schützt Lauch, Knoblauch, Zwiebel und Schnittlauch vor Madenbefall.
Echtes Bohnenkraut *Saturjea hortensis*	Wehrt Schwarze Bohnenlaus ab. Lockt Bestäubertiere wie Bienen an.	Bewahrt Bohnen vor Blattlausbefall. Steigert den Ertrag von Bohnen, die bestäubt werden müssen.
Dill *Anethum graveolens*	Duft hält Blattläuse, Kohlweißlinge, Möhrenfliege und andere Schädlinge, besonders auch Wurzelschädlinge, fern.	Hält Möhre, Rote Bete, Zwiebel, Gurke, Tomate, Salate, Bohne und Erbse blattlaus- und wurzellausfrei. Hält Raupen von allen Kohlgewächsen und Kreuzblütlern fern.
Kerbel *Anthriscus cerefolium*	Hält Blattläuse und Ameisen fern und vermindert Mehltau. Verfeinert den Geschmack.	Schützt Kopfsalat und andere Salate vor Blattläusen und Mehltau. Wirkt positiv auf Geschmack von Radieschen, Rettich und Salat.
Koriander *Coriandrum officinalis*	Verleiht besseren Geschmack. Lockt Bestäubertiere wie Bienen und Hummeln an.	Verbessert das Aroma von Kartoffeln. Erhöht den Ertrag von Chili, die bestäubt werden muss.
Kümmel *Carum cavi*	Hält Kartoffelkäfer fern. Verleiht besseren Geschmack.	Schützt Kartoffeln vor Kartoffelkäfer. Verbessert das Aroma von Kartoffeln.
Majoran *Origanum majorana*	Wehrt Ameisen und Möhrenfliegen ab.	Hält Ameisen aus dem Beet fern und schützt Möhren vor Möhrenfliegen.

› Kümmelsamen verfeinern viele Gerichte.

ˇ Borretsch ist auch als Gurkenkraut bekannt. Er schützt vor Schädlingen und lockt Bestäuber an.

ˆ Koriander ist vielseitig in der Küche verwendbar. Blatt und Samen geben ein einzigartiges Aroma.

ˆ Dill ist ein feines Würzkraut, das mit seinem Duft Schädlinge fernhält.

‹ Majoran ist ein Gewürz, das viele Speisen bekömmlicher macht.

Heilsame Blumen als Helferpflanzen

Blumen sind einfach schön und gehören seit jeher in den Garten. Viele der beliebten Blütenpflanzen sind überaus nützlich etwa als Heilpflanze oder als essbare Blütendekoration. Darüber hinaus haben einige auch eine positive Wirkung auf ihre Nachbarpflanzen im Garten. So halten Kamille, Ringelblume, Studentenblume und Zinnie unliebsame Nematoden im Boden von unseren Gemüsen fern. Und nebenbei erhöhen sie durch ihre Blüten die Bestäubungsleistung, weil sie Blütengäste anlocken.

Art	**Abwehr- / Lockwirkung**	**Profitierende Beetpartner**
Kamille *Matricaria chamomilla*	Lockt Gallmücken an und schützt so vor Nematoden und Thripsen.	Gallmücken halten Blattläuse, Nematoden und Thripse von Petersilie, Lauch, Zwiebeln, Salaten, Möhren, Kohlarten, Kartoffeln und Bohnen fern.
	Wirkt pflanzenstärkend und vermindert Pilzkrankheiten.	Stärkt Radieschen, Salat, Sellerie, Spinat, Bohnen, Erbsen, Kartoffeln, Kohl, Lauch und Zwiebeln.
Kapuzinerkresse *Tropaeolum majus*	Duft hält Blattläuse, Kartoffelkäfer, Weiße Fliege, diverse Raupen, Ameisen, Schnecken und Wühlmäuse fern.	Positiv für Kopfkohl, Möhren, Sellerie, Lauch, Zwiebeln, Salat, Spinat, Bohnen und Erbsen.
	Senföle beugen Pilzkrankheiten wie Krautfäule und Mehltau vor.	Hält Krankheiten von Nachtschattengewächsen wie Tomate und Kartoffel sowie von Kürbisgewächsen wie Zucchini und Gurke fern.
	Pflanzenstärkung.	Stärkend für Gurke, Radieschen, Rettich und andere Pflanzen.
Kornblume *Cyanus segetum* syn. *Centaurea cyanus*	Lockt Gallwespen und Nützlinge gegen Kohlweißling und Kohleule an.	Positiv für alle Kohlgewächse wie Kopfkohl und Rotkohl.
Ringelblume *Calendula officinalis*	Hält Drahtwürmer, Nematoden unter der Erde und Schwarze Bohnenblattlaus und Kohlmottenschildlaus über der Erde fern.	Hält Boden- und Blattschädlinge von Kartoffeln, Tomaten, Kürbis, Kohl und Bohnen ab.
	Gegen Bakterien und Viren wirksam.	Stärkend gegen Krankheiten auf Tomaten.
Studentenblume *Tagetes erecta*	Abwehrend gegen Nematoden und andere Schädlinge.	Positive Wirkung für Gurken, Tomaten, Kartoffeln, Kohl, Lauch, Zwiebeln, Salat, Petersilie und andere Gemüse.
Zinnie *Zinnia elegans*	Wehrt Nematoden im Boden ab.	Beschützt Tomaten und Kartoffeln.

› Ringelblumen wirken sich positiv auf die Bodengesundheit aus. Sie halten Drahtwürmer und Nematoden fern.

ˇ Studentenblumen halten Nematoden fern und locken Nützlinge an.

ˆ Kamille ist nicht nur als Heiltee zu verwenden. Sie schützt auch vor Nematoden und Thripsen sowie Pilzkrankheiten.

ˆ Die Kapuzinerkresse hat positive Wirkungen auf viele Gemüse. Ihre leuchtenden Blüten sind essbar.

‹ Die Kornblume wirkt sich auf Kohlgewächse positiv aus.

Mischkulturbeete – so geht's!

Wenn wir nun im eigenen Gemüsegarten die positiven Wechselwirkungen der Pflanzen nutzen wollen, überlegen wir, welche Partner zueinanderpassen und welche wir lieber nicht nebeneinander pflanzen. Wir setzen daher nicht Grünkohl und Kohlrabi oder Knollenfenchel und Knollensellerie zusammen, dafür pflanzen wir zu den Tomaten aromatischen Basilikum oder gesellen Gurke zu Knoblauch. Die geeigneten Kombinationen und passenden Vor- und Nachkulturen zu wählen, kann allerdings ein wenig komplex erscheinen. Mit einem Pflanzplan erhalten wir jedoch einen guten Überblick und können die Fruchtfolge besser planen. Denn in einem Pflanzplan ist die Verteilung der Kulturen in den Beeten und im Jahresverlauf übersichtlich dargestellt.

Gerade wenn wir in puncto Gemüseanbau noch ein Grünschnabel sind, können uns die vielen Themen verwirren: Mischung und Fruchtfolge einhalten, Anbauzeitpunkte, Reihenabstände und Aussaattiefen beachten ... Da hilft uns doch die bewährte Devise: «Ordnung ist das halbe Leben. Planung ist die andere Hälfte.»

Damit sich keine Schadorganismen dauerhaft ansiedeln können, sind die Beete wechselnd mit anderen Gemüsen, Kräutern und Blumen zu bepflanzen.

Das Rotationsprinzip der Fruchtfolge

Die Fruchtfolge ist eine Abfolge unterschiedlicher Pflanzenarten über das Jahr und mehrerer Jahre hinweg. Durch den wechselnden Anbau und die Mischung von Stark-, Mittel- und Schwachzehrern wird der Boden geschont, denn die verschiedenen Arten nehmen unterschiedliche Nährstoffe auf. Und durch die Rotation der Kulturen verringern sich Krankheiten oder Schadorganismen. Das Konzept der Fruchtfolge ist daher unsere Basis für den erfolgreichen Gemüseanbau. Um das Rotationsprinzip umzusetzen, legen wir in unserem Nutzgarten vier Beete und einen Pflanzplan an. In jedem Jahr wird auf einem Beet eine wechselnde Abfolge an Gemüsen und Kräutern kultiviert. Was zuerst auf Beet 1 angebaut wird, wächst im nächsten Jahr auf Beet 4, danach auf Beet 3 und zuletzt auf Beet 2, um schließlich wieder auf Beet 1 zu wachsen. Durch diese Abfolge ist sichergestellt, dass Nutzpflanzen aus gleichen Pflanzenfamilien erst in vier Jahren wieder an derselben Stelle wachsen. Dadurch wird die Fruchtfolge eingehalten und können die unterschiedlichen Kulturen zirkulieren. Jedes Beet hat eine Vor-, Haupt- und Nachkultur. Durch die Abfolge ergibt sich eine durchgängige Ernte von Frühling bis Herbst, und selbst im Winter kann geerntet werden. Manche Gemüse wie Spinat und Radieschen sind schnell erntereif, denn bei ihnen liegen zwischen Aussaat und Ernte nur wenige Wochen. Andere Arten wie Tomaten, Kohl oder Sellerie brauchen bis zur Genussreife deutlich länger. Durch die unterschiedlich lange Entwicklungszeit der Nutzpflanzen gibt es eine fließende Kulturabfolge.

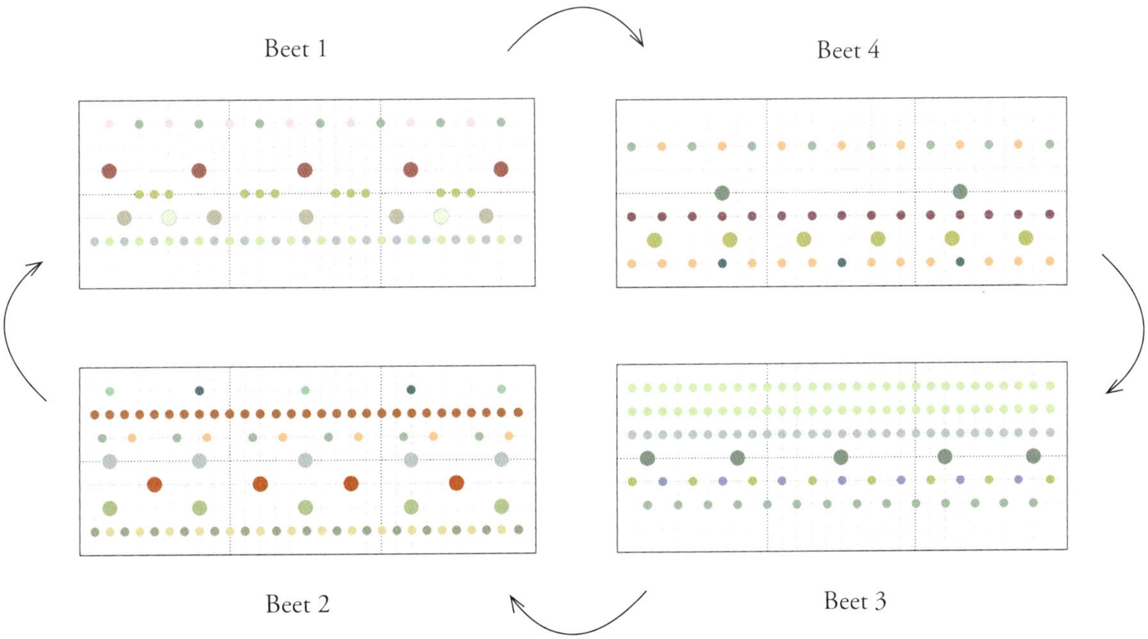

Beete anlegen und bepflanzen

Auch die Beetgröße ist von Bedeutung. Vier Beete von je etwa 300 Zentimetern Länge und 120 Zentimetern Breite lassen sich in vielen Hausgärten gut umsetzen. Die Bewirtschaftung der vier Beete ist nicht zu zeitintensiv und der Ertrag dennoch reichlich. Die Beetbreite von 120 Zentimetern ist optimal sowohl für die Pflege als auch für den Anbau der Kulturen. Viele Nutzpflanzen wachsen in Bedrängnis nicht gut und werden bei falscher Kulturführung anfällig gegenüber Krankheiten. So benötigen Tomaten zum Beispiel ausreichend Platz, sie werden in einem Abstand von 45 bis 60 Zentimetern zueinander gepflanzt. Da bereits eine einzige Tomatenpflanze mehrere Kilogramm Früchte hervorbringt, benötigen wir nur wenige Pflanzen. Der Feldsalat wiederum ist kleinwüchsig, er wird in Reihenabständen von 15 Zentimetern dicht angesät. Um von dem köstlichen Salatgemüse ausreichend ernten zu können, braucht es in der Regel mehrere Reihen Feldsalat. Neben den Reihenabständen sind auch die Abstände zwischen den Reihen, die Saattiefe und der richtige Saatzeitpunkt zu beachten. Wie und wann genau die unterschiedlichen Kulturen anzubauen sind, welche Reihenabstände innerhalb und zwischen den Reihen einzuhalten sind, ist dem Anbaukalender im Anhang zu entnehmen. Außerdem finden sich auf den Rückseiten der Samentüten jeweils Kulturhinweise.

Richtwerte für Reihenabstände:

- » 15 Zentimeter Reihenabstand für kleinwüchsige Gemüse und Kräuter wie etwa Radieschen, Feldsalat, Rucola und Basilikum.
- » 30 bis 45 Zentimeter Reihenabstand brauchen viele gängige Gemüsekulturen, beispielsweise Salate, Mangold, Rote Bete, Lauch, Sellerie und Knollenfenchel.
- » Reihenabstände von über 45 Zentimetern erfordern großwüchsige Kulturen wie Tomate, Zucchini oder Grünkohl.

› Eine Beetbreite mit 120 Zentimetern kann gut bewirtschaftet werden und ist optimal für viele Gemüsekulturen.

Beet 1

Vorkultur – klein, fein und raschwüchsig

Im Frühling sehnen wir uns nach frischen Salaten und Blattgemüsen. Wir säen Feldsalat, Rucola, Radieschen und Spinat in Reihenabständen von jeweils etwa 15 Zentimetern an. Der Spinat hält lästige Erdflöhe von Radieschen und Rucola fern. Außerdem wirkt er durch seine Saponine wachstumsfördernd und ist daher eine gute Vorkultur für nachfolgende Gemüse. Feldsalat ist schmackhaft und mit allen Gemüsen verträglich. In die abschließende Reihe kommt Knoblauch. Bis auf den Knoblauch sind die Gemüse allesamt Schwachzehrer und damit gut als Vorkulturen geeignet, da sie dem Boden wenig Nährstoffe entziehen.

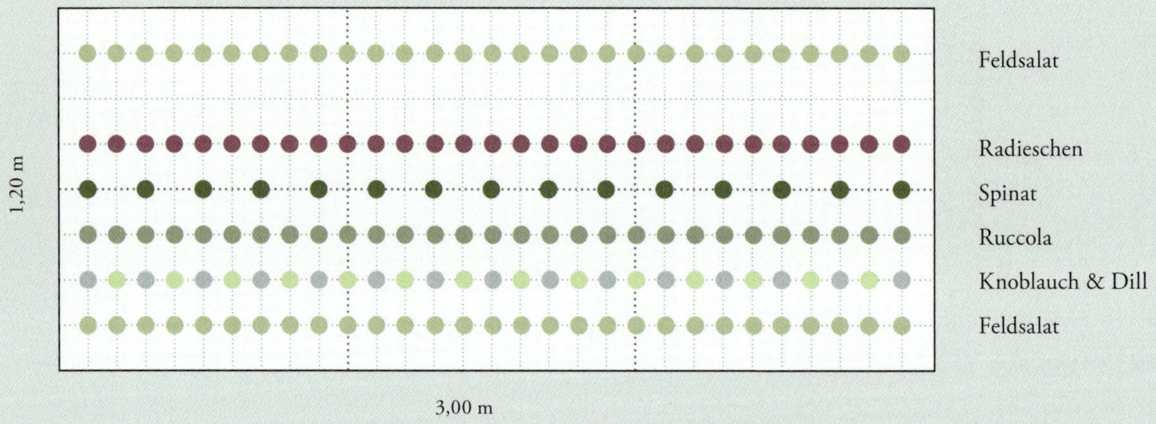

Hauptkultur – Fruchtgemüse, Kräuter und bunte Blumen

Etwa bis Mitte Mai sind die Vorkulturen bis auf den Knoblauch geerntet. Nun können wir die vorgezogenen Hauptkulturen pflanzen. Wir setzen Tomaten, Gurken und Knollensellerie, Tomaten und Gurken allerdings erst nach den letzten Spätfrösten. Zu den Tomaten gesellen wir Blattpetersilie und Zinnien. Zinnien wehren Nematoden von Tomaten ab, außerdem locken sie mit ihren bunten Blüten Bestäuber wie Bienen an, die wiederum Tomaten und Gurken bestäuben. Zwischen Tomate und Gurke setzen wir Basilikum. Er vermindert die Mehltaubildung bei den dafür anfälligen Gurken und hält durch seinen Duft die Weiße Fliege von Tomaten und Gurken fern. Der hinzugepflanzte Knollensellerie ist ein gutes Partnergemüse für Tomate und Gurke, die Petersilie ein guter Partner zu Tomaten. Knoblauch wirkt positiv auf die Gesundheit der Gurke. Er ist im Sommer erntereif, ebenso wie die Tomaten und Gurken.

Knoblauch
Knollen-
sellerie
Tomate
Basilikum
Dill
Blattpetersilie
Zinnie
Gurke

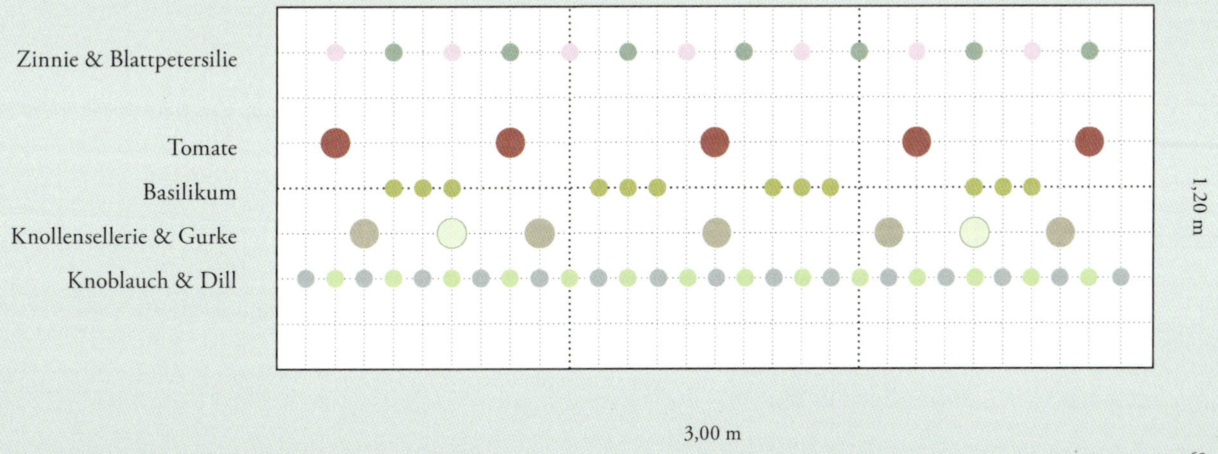
Zinnie & Blattpetersilie
Tomate
Basilikum
Knollensellerie & Gurke
Knoblauch & Dill
1,20 m
3,00 m

Nachkultur – mit Knollen, Blattgemüsen und Kräutern durch den Herbst und Winter

Im Herbst entfernen wir die Tomatenpflanzen und säen Feldsalat an. Die Blattpetersilie können wir noch bis in den ausgehenden Winter ernten. Sie ist unempfindlich gegenüber Frost und Schnee und ein wertvoller Vitamin-C-Lieferant. Der Knollensellerie kann bis in den Herbst geerntet werden. Er ist ein schmackhaftes Gemüse für Suppen und andere Speisen. Je nachdem, wann wir den Feldsalat angesät haben, können wir ihn bereits im Herbst oder dann erst im Vorfrühling essen. Da er kühlere Temperaturen bevorzugt, ein Schwachzehrer und mit allen anderen Kulturen verträglich ist, eignet sich Feldsalat wunderbar sowohl als Vorkultur im Frühling als auch als Nachkultur im Herbst.

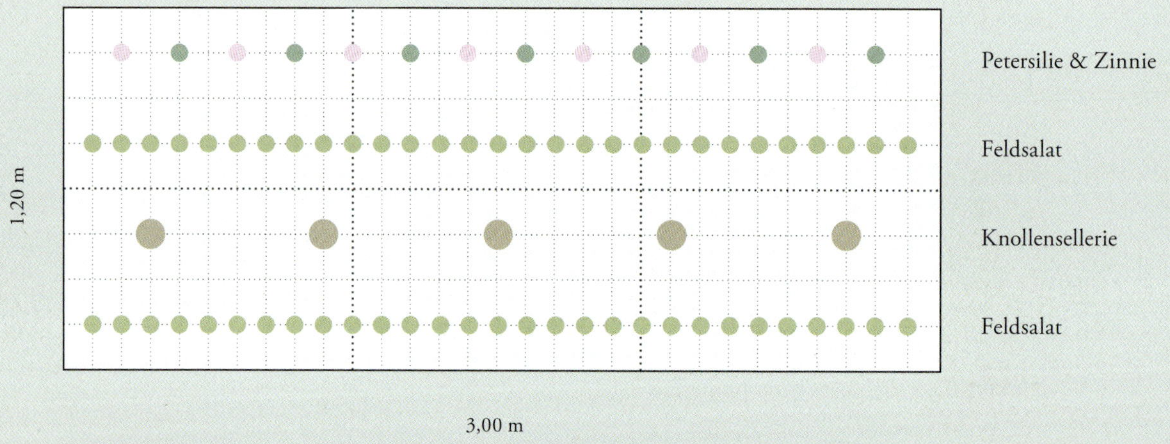

‹ Spinat ist eine gute Vorkultur. Er bevorzugt kühle Keimtemperaturen und braucht nur wenige Wochen von der Aussaat bis zur Ernte.

‹ Radieschen sind in wenigen Wochen erntereif. Frisch aus dem Garten aufs Butterbrot sind sie einfach köstlich.

› Die kleinen gelben Tomatenblüten leuchten aus dem Laub hervor.

ˇ Gurken sind ein erfrischendes Fruchtgemüse. Minigurken oder Snackgurken sind gerade richtig für eine Mahlzeit.

ˆ Es braucht einige Wochen, bis der Knollensellerie erntereif ist. Bis zur Verwendung kann man ihn im Beet stehen lassen.

ˆ Zinnien sind bunte Farbtupfer im Gemüsebeet in Rosa, Rot, Orange und Gelb. Sie wehren Nematoden von den Wurzeln der Tomaten ab.

‹ Tomaten sind eine tolle Sommerfrucht und vielseitig zum Kochen verwendbar.

Beet 2

Vorkultur – Saisonstart mit Möhren, Lauch und Salaten

Wurzelgemüse wie Möhren benötigen eine längere Kulturdauer. Sie sind wenig empfindlich gegenüber kühleren Temperaturen und können daher schon im März angesät werden, um im Sommer geerntet zu werden. Neben die Möhren setzen wir vorkultivierte Lauchpflanzen als Partner. Zum Lauch gesellen wir Salate. Auch Lauch und Salat sind wenig kälteempfindlich und gedeihen schon bei niedrigeren Temperaturen gut. Die drei Kulturen halten sich gegenseitig unliebsame Gäste wie Lauchmotte und Möhrenfliege fern. Je nachdem, welche Salate wir wählen, können wir Pflücksalate blattweise oder Kopfsalate im Ganzen ernten. Am Rand der Salate pflanzen wir Kamille und Kerbel an. Die Kamille übt eine stärkende Wirkung auf Gemüse aus und bewahrt sie vor Nematoden im Boden.

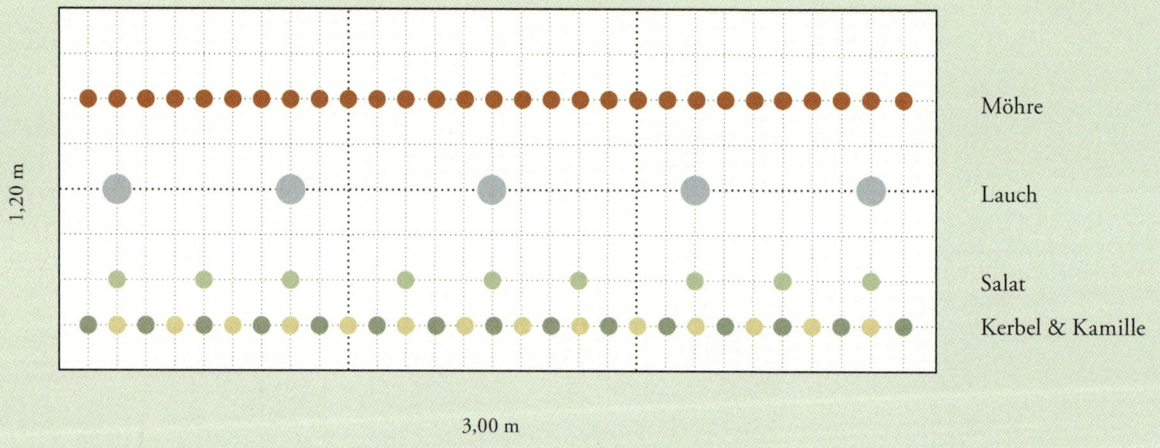

Hauptkultur – ein bunter Mix aus Gemüsen und Kräutern

Möhren und Lauch wurden bereits im Frühling kultiviert. Sind keine Spätfröste mehr zu erwarten, setzen wir zum Lauch nun die Paprikapflanzen. Anstelle des abgeernteten Salats kommen Kohlrabipflänzchen in die Erde. Kerbel und Echte Kamille wirken sich positiv auf den Kohlrabi aus, da sie Blattläuse fernhalten und Krankheiten wie Mehltau vorbeugen. An den Beetrand pflanzen wir Kapuzinerkresse und Majoran. Kapuzinerkresse gilt als pflanzenstärkend und abwehrend gegen Lästlinge. Zudem ist sie essbar und verfeinert mit ihrer pfeffrigen Note Salate und andere Gerichte. Der Majoran vertreibt Möhrenfliegen. Zwischen Möhre und Paprika setzen wir Studentenblumen und säen Koriander. Die Studentenblumen wirken auf Paprika wachstumsstimulierend. Außerdem halten sie Schadorganismen unter und über der Erde fern. Koriander lockt Bestäuber an und hält mit seinem eigenwilligen Duft ungebetene Gäste fern. Ab dem Hochsommer ernten wir knackige Paprika, Lauch und Möhren.

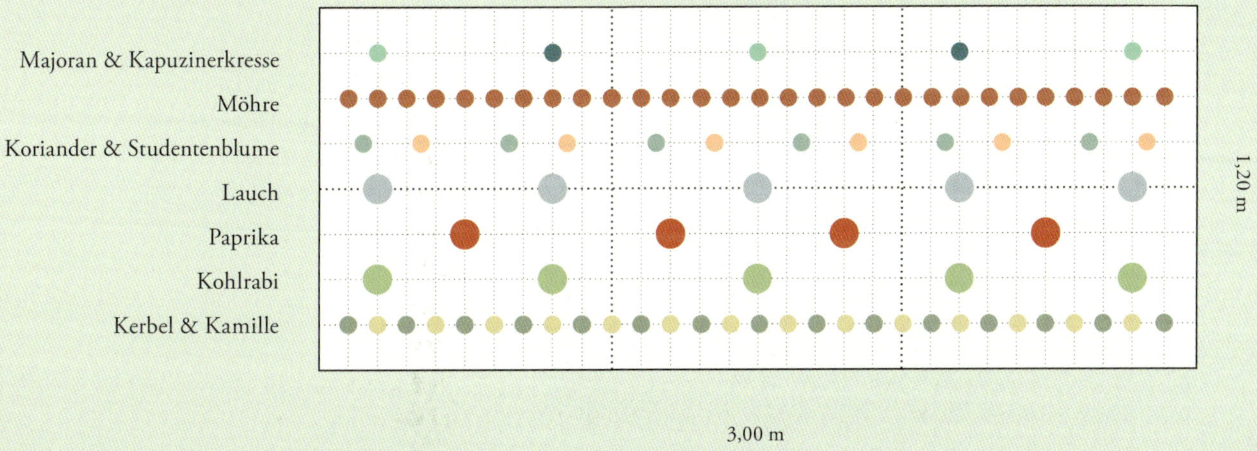

Nachkultur – mit Salaten, Lauch und Kohlrabi in die kalte Jahreszeit

Wenn alle Möhren geerntet sind, pflanzen wir an ihre Stelle Blattsalate wie Endivie oder Radicchio. Diese beiden Salatsorten sind wenig kälteempfindlich und können daher bis in den Winter hinein auf dem Beet verbleiben. So haben wir selbst im Spätherbst und Winter noch knackig frische Salate. Auch unsere Kohlrabi und der letzte Lauch werden im Herbst geerntet.

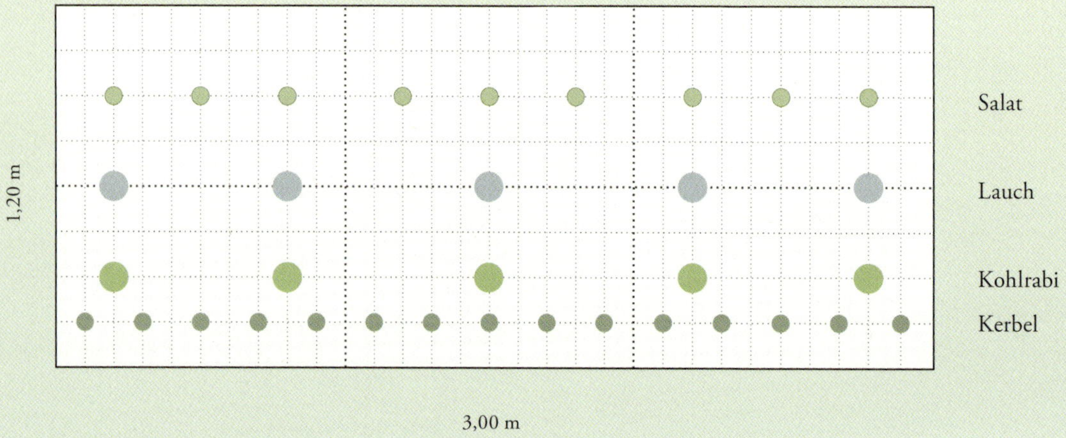

^ Majoran wächst kompakt und braucht wenig Platz.

‹ Studentenblumen gibt es in klein und groß, von Gelb bis Rotorange. Ihre Blüten sind Leuchtpunkte im Beet.

› Roter Kohlrabi ist ein köstliches Kohlgemüse.

ˇ Die Kapuzinerkresse gibt es in unterschiedlichen Blütenfarben. Blüte und Blatt sind essbar.

ˆ Paprika gibt es in vielen unterschiedlichen Sorten.

ˆ Möhren sind als Rohkost ein Genuss.

‹ Lauch braucht nicht viel Raum zum Wachsen.

Beet 3

Vorkultur – Erbse und Dill, Kornblume und Fenchel

Als Vorkultur säen wir Erbsen an. Diese reichern den Boden mit Stickstoff natürlich an und sorgen dafür, dass er für die nachfolgenden Kulturen fruchtbar ist. Die Erbsen sind so früh als möglich im Jahr zu säen. Sie lieben kühle Keimtemperaturen. Auch Knollenfenchel mag es frisch und kann daher bereits zeitig im Frühling gepflanzt werden. Dazwischen säen wir Dill, Kornblumen und Kümmel an. Dill hält von Erbsen und anderen Kulturen unliebsame Blattläuse fern. Außerdem ist Dill ein feines Küchengewürz, das Saucen und Gurkengerichte verfeinert.

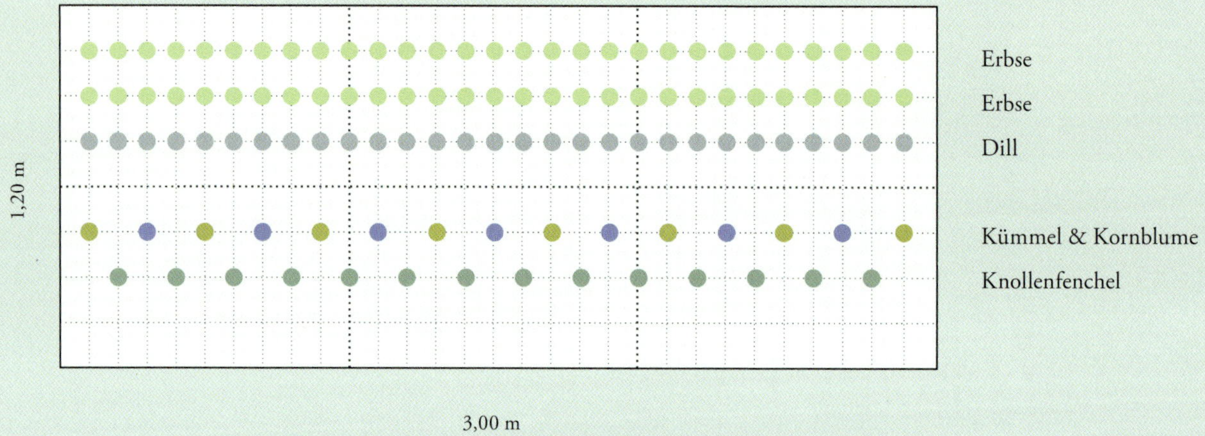

Hauptkultur – Grünkohl und seine Schutzpflanzen

Zwischen Dill, Kornblumen und Kümmel pflanzen wir Grünkohl. Er hat eine lange Kulturdauer und wird erst im Herbst und Winter geerntet. Da Grünkohlpflanzen eine stattliche Größe erreichen können, sind sie mit etwa 60 Zentimetern Abstand zueinander anzupflanzen. Dill, Kornblumen und Kümmel wehren Kohlweißlinge und andere Lästlinge ab, die es auf das Kohlgewächs abgesehen haben. Die früh angebauten Erbsen und der Knollenfenchel sind im Sommer erntereif. Den Kümmel lassen wir ausreifen und ernten seine Samen. Sie wirken verdauungsfördernd und sind ein typisches Gewürz für viele Speisen wie Eintöpfe, Suppen und Fleischgerichte, aber auch für Brot oder Gebäck.

Erbse
Kümmel und
Kornblume
Fenchel
Dill
Grünkohl

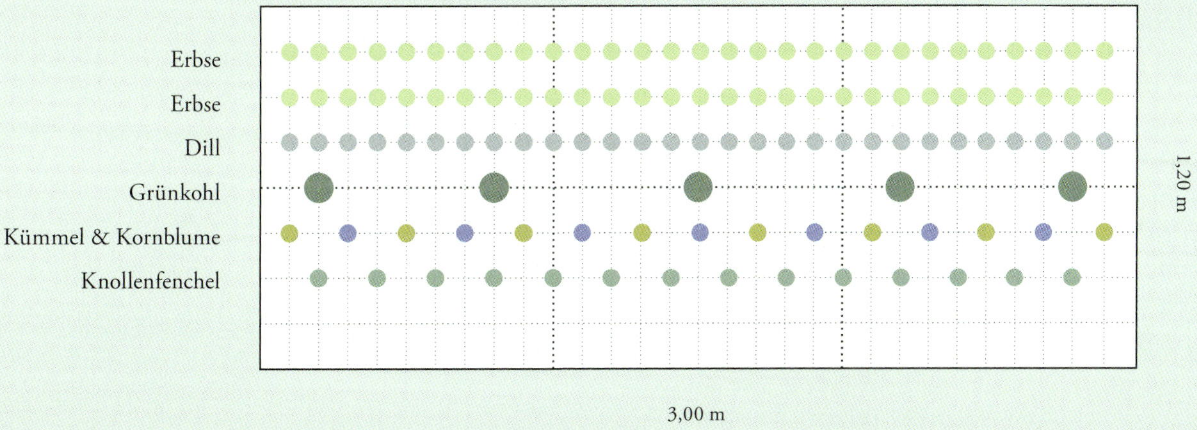
Erbse
Erbse
Dill
Grünkohl
Kümmel & Kornblume
Knollenfenchel
1,20 m
3,00 m

Nachkultur – mit Grünkohl und Blattgemüsen fit durch den Winter

Wenn im Beet nach der Ernte von Erbsen und Knollenfenchel wieder Platz ist, pflanzen wir anstelle der Erbsen nun bunte Mangoldpflänzchen. Und wo Knollenfenchel gewachsen ist, säen wir Spinat. Der Grünkohl ist mittlerweile stattlich herangewachsen. Alle drei Blattgemüse zählen zu wertvollen Vitamin-C-Lieferanten. Der Grünkohl wird erst bei kalten Temperaturen erntereif und auch dem Mangold können niedrige Temperaturen nichts anhaben. Daher können sie den gesamten Winter über im Beet verbleiben und wir ernten sie je nach Bedarf bis in den Vorfrühling frisch vom Beet.

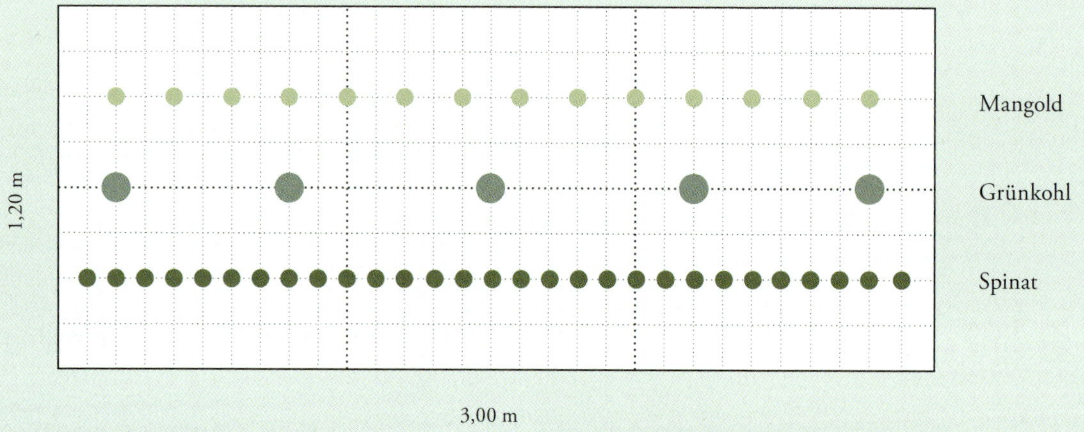

‹ Knollenfenchel kann roh und gekocht verwendet werden.

‹ Dill hat dekorative Blütendolden. Seine Blüten locken viele Bestäuber an.

› Mangold ist mit dem Spinat verwandt. Das robuste Blattgemüse kann selbst im Winter im Beet stehen.

ˇ Grünkohl ist ein typisches Wintergemüse. Er ist allerdings nicht immer nur grün, es gibt auch Sorten in Rot.

ˆ Spinat eignet sich gut als Vor- und Nachkultur sowie zur Gründüngung.

ˆ Die blaue Kornblume ziert jeden Gemüsegarten.

‹ Erbsen zählen zu den Leguminosen. Sie reichern im Gemüsebeet Stickstoff an.

Beet 4

Vorkultur – Ringelblume und Borretsch, Rote Bete und Rucola

Im Frühling säen wir je eine Reihe Borretsch, Rote Bete und Rucola an. Zu Borretsch und Rucola pflanzen wir später Ringelblumen hinzu. Diese wirken sich positiv auf die Bodengesundheit aus und halten unliebsame Besucher von ihren Nachbarpflanzen fern.

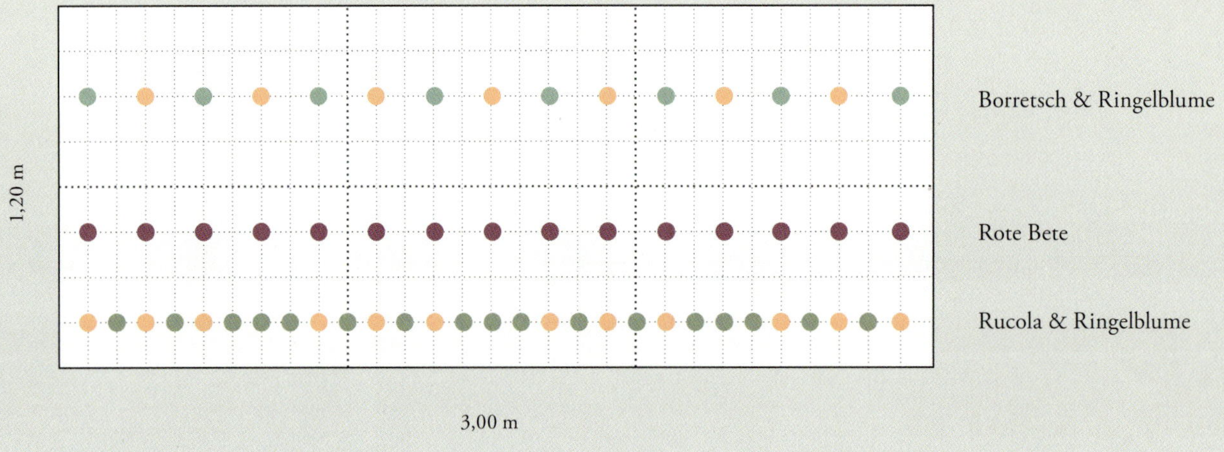

Hauptkultur – Zucchini und Bohne mit ihren Schutz- und Bestäuberpflanzen

Wenn die letzten Spätfröste vorüber sind, setzen wir zwischen Borretsch und Roter Bete zwei Zucchinipflanzen in einer eigenen Reihe. Zwischen Roter Bete und Ringelblumen säen wir zudem eine Reihe Bohnen an. Zu den Ringelblumen pflanzen wir Bohnenkraut, das wehrt die Bohnenlaus ab. Als Würze eignet sich Bohnenkraut für viele Gerichte in der Küche, besonders natürlich für Bohnengerichte selbst. Bohnen sind sehr wärmebedürftig und werden daher erst ab Mai ausgebracht. Für Stangenbohnen brauchen wir später eine Rankhilfe, an denen die Pflanzen emporwachsen können. Die Rote Bete ist ab Juli erntereif, dann haben Zucchini und Bohnen ausreichend Platz für ihre Entwicklung. Die Blüten von Borretsch und Ringelblume locken die Bestäuber von Bohne und Zucchini – hauptsächlich Hummeln – an. Zudem können die Blätter und Blüten vom Borretsch in der Küche zum Verfeinern von Gurkengerichten verwendet werden.

Bohne
Rote Bete
Bohnenkraut
Ringelblume
Zucchini
Borretsch

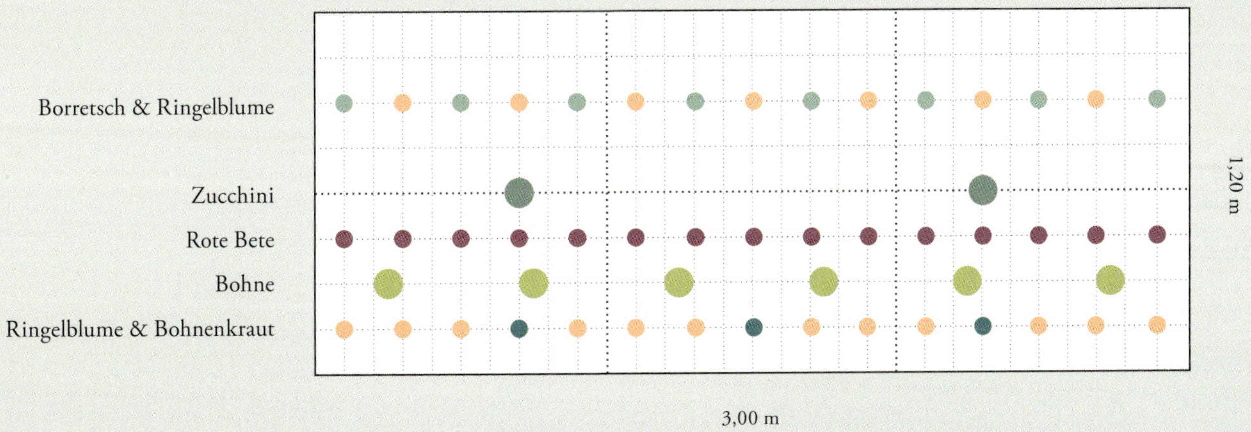
Borretsch & Ringelblume
Zucchini
Rote Bete
Bohne
Ringelblume & Bohnenkraut
1,20 m
3,00 m

Nachkultur – Möhren und Salate in guter Gesellschaft der Ringelblume

Wenn das Beet abgeerntet ist, säen wir zwischen den üppig blühenden Ringelblumen Möhren und Feldsalat an und pflanzen Zuckerhut und Zichorie. Sie sind gute Partner im Gemüsebeet. Außerdem schätzen sie allesamt das kühlere Wetter und wachsen auch gut im Herbst. Die Gemüse können den Herbst und Winter über direkt vom Beet geerntet werden. Die Ringelblumen sind Dauerblüher, selbst leichter Frost kann ihnen nichts anhaben. Ihre Blüten können in Salben und Cremes für Heilzwecke verwendet werden, eignen sich aber auch getrocknet in Tees oder frisch als Dekoration von Speisen und Salaten vorzüglich.

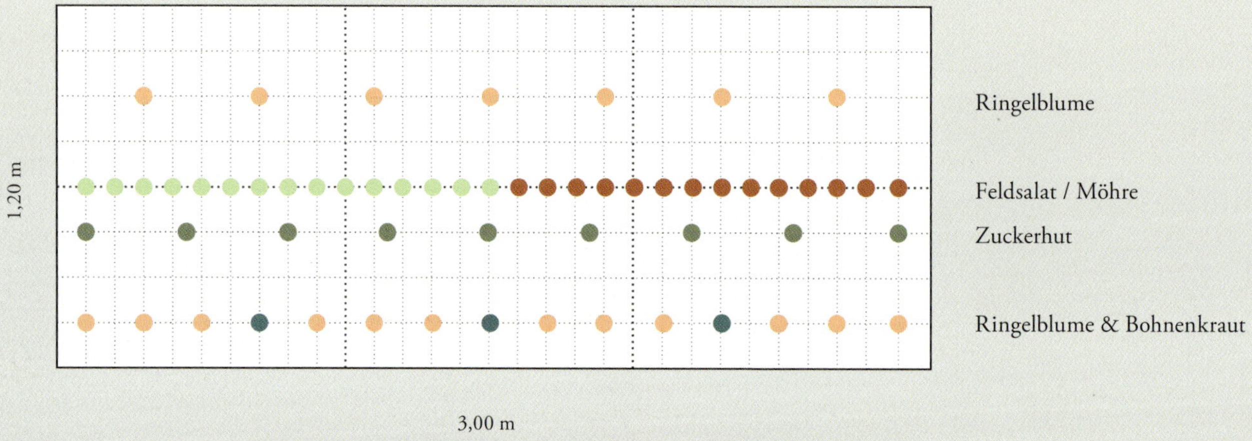

‹ Möhren frisch aus dem Garten sind eine schmackhafte Rohkost.

‹ Ringelblumen sind ein Dauerblüher. Bis zum Frost leuchten ihre orangegelben Blüten aus dem Beet.

› Borretschblüten können als naschbare Dekoration in der Küche verwendet werden.

ˇ Buschbohnen brauchen keine Rankhilfe.

ˆ Der Feldsalat ist mit allen Gemüsen und Kräutern verträglich.

ˆ Rote Bete ist nicht nur schön, sondern auch köstlich.

‹ Rote Bete kann vorkultiviert und später vereinzelt im Beet gepflanzt werden.

In guter Gesellschaft

Es gibt Plätze im Garten, da will es nicht recht wachsen. Zum Beispiel im Schatten unter einem Baum – hier hat sich bereits der Rasen verabschiedet. Oder an der Böschung am Südhang – hier ist der Bewuchs im Sommer richtig verbrutzelt und wir starren nun nackte Erde an. All das gefällt uns natürlich nicht. Und wir fragen uns, ob es nicht Pflanzengemeinschaften gibt, die hier trotzdem funktionieren könnten.

Das Zusammenwirken am Extremstandort

Das Pflanzenreich hat erstaunliche Wege gefunden, für uns unwirtlich erscheinende Extremstandorte zu besiedeln. So haben einige Pflanzen sich in ihrer Lebensweise an außergewöhnliche Verhältnisse angepasst, ihre Lebensstrategien optimiert und sich auf bestimmte Lebensräume spezialisiert. Außerdem gehen sie mit anderen Pflanzenarten oder Organismen oftmals eine dauerhafte Lebensgemeinschaft ein. Gerade die Gesellschaft mit anderen Pflanzenarten scheint auch an extrem fordernden Standorten ein Schlüssel zum Erfolg zu sein. Wie hilfreich, beschützend und fördernd Pflanzen zueinander sind, erfahren wir am Beispiel *Wald* und *Steilhangvegetation.*

Beispiel Wald

Am Waldboden herrscht aufgrund des dichten Baumbewuchses ein steter Mangel an Licht und Wurzelraum. Daher können hier nur angepasste Schattengewächse wie zum Beispiel das Leberblümchen gedeihen. Der Schatten, das herabfallende Laub und die Wurzeln der Bäume scheinen für die kleine Waldblume keinen Nachteil zu haben – im Gegenteil: Das Mikroklima durch Bäume oder auch Sträucher schafft für einige Waldpflanzen der Krautschicht optimale Lebensbedingungen. Das Leberblümchen hat seinen Lebenszyklus ganz auf den der Gehölze

1 Leberblümchen
2 Gelbes Windröschen
3 Busch-Windröschen
4 Schnee-Marbel
5 Vielblütige Weißwurz
6 Grannen-Schildfarn
7 Kleines Immergrün

abgestimmt. Es blüht und bildet sein Blattwerk aus, bevor die Bäume ihr schattiges Blätterdach über ihm ausbreiten. Dann hat das Leberblümchen bereits genug Reserven eingespeichert und führt ein Leben auf Sparflamme. Das herabfallende Herbstlaub der Bäume gibt dem Leberblümchen eine natürliche Mulchschicht, die es vor eisigen Wintertemperaturen schützt. Und das zu Humus verrottende Laub spendet ihm im Frühjahr wieder Nährstoffe für sein Wachstum. Typische Waldpflanzen wie Leberblümchen haben sich also mit den Bäumen arrangiert und können mit ihnen gemeinsam in guter Nachbarschaft wachsen. Umgekehrt bedecken die Waldstauden den Boden. So profitieren die Gehölze von den bodendeckenden Stauden, die ihre oberflächennahen Wurzeln schützen. Mit anderen Worten: Die Pflanzen fördern sich gegenseitig.

Beispiel Steilhangvegetation

Die exponierte Lage an einem besonnten Steilhang bewirkt, dass angesiedelte Pflanzen den Naturgewalten wie Sonne, Wind und Regen völlig schutzlos ausgesetzt sind. Zusätzlich erschwert die Hangneigung die Etablierung der Pflanzen. Nur Gewächse mit speziellen Anpassungen können sich hier dauerhaft ansiedeln, also tiefwurzelnde und ausläufertreibende Arten wie Rosen, die den Hang festigen und stabilisieren, sowie oberflächlich und in Matten wachsende Pflanzen wie Fetthennen- und Thymianarten, die den Boden bedecken und ihn vor Erosion und Erwärmung schützen. Pflanzen, die solche unwirtlichen Orte erstbesiedeln, werden auch Pionierpflanzen genannt. Häufig ermöglichen erst diese Pionierarten das Leben von nachfolgenden anspruchsvolleren Arten, sie geben ihnen quasi eine Starthilfe. Dadurch kann sich an einem Standort sukzessive Vegetation entwickeln. Die Förderung nachfolgender Arten wird als *Metabiose* bezeichnet. Die Pionierart selbst hat davon keinen Vorteil, aber die nachkommenden Pflanzen. So fungieren die Erstbesiedler etwa als sogenannte «Diasporenfänger», in deren Nahebereich Samen liegen bleiben und geschützte Bedingungen für ihre Entwicklung vorfinden. Die Pionierpflanzen fungieren dabei als «Ammenpflanzen»: Sie wehren starke Witterungseinflüsse wie Wind, Hitze und extreme Sonneneinstrahlung ab. Zusätzlich schützen sie die jungen zarten Pflänzchen vielleicht auch durch ihre Stacheln oder andere Mechanismen wie ihren Duft vor möglichen Fressfeinden. Nach und nach etabliert sich durch die Ammenpflanzen ein Bewuchs. Diese fortschreitende Vegetationsentwicklung und ihre sich verändernde Artenzusammensetzung wird auch als Sukzession bezeichnet.

^ An felsigen Steilhängen wachsen Sträucher und krautige Arten zusammen.

Die unterschiedlichen Arten – egal ob Pioniere oder Dauerbesiedler – arrangieren sich zum gegenseitigen Wohle. Darüber hinaus haben diese Überlebenskünstler häufig zusätzliche Strategien entwickelt; so gehen etwa einige Pflanzen Symbiosen mit Mykorrhiza-Pilzen oder Knöllchenbakterien ein (siehe Seite 38 ff.). Aus der Pflanzengemeinschaft entstehen Synergie-Effekte, die jede Pflanze für sich alleine nicht hätte.

Extremstandorte im Garten begrünen

Auch im Garten haben wir Extremstandorte unter schattigen Bäumen und an sonnigen Böschungen. Es sind vergleichbare Plätze, wie wir sie auch in der Natur vorfinden. Daher funktionieren auch im Garten ähnliche Pflanzenkombinationen wie in der Natur ganz wunderbar. Wir profitieren von den Synergie-Effekten der Pflanzen, die gemeinsam miteinander gut wachsen. Und wir nutzen diese Effekte, um problematische Gartenstandorte dauerhaft und erfolgreich zu begrünen.

Schattenstandorte unter Bäumen

Bäume erfüllen im Garten vielfältige gestalterische und ökologische Funktionen. Insbesondere alte Bäume geben einem Garten eine besondere Atmosphäre und sind ein Lebensraum für viele Organismen. Doch eine Begrünung unter alten eingewachsenen Bäumen zu etablieren, kann zur Herausforderung werden. Rasen will aufgrund des Schattens und der Baumwurzeln nicht wachsen. Hier gedeihen nur Pflanzen, die mit Stressfaktoren wie Lichtmangel, Wurzeldruck und Laubfall zurechtkommen. Und das sind Arten, die in der Krautschicht von Wäldern vorkommen. Der Baum schützt den Unterwuchs vor direkter Sonneneinstrahlung und starkem Windeinfluss. Er schafft ein ausgeblichenes Mikroklima, unter dem sich Schattenpflanzen wohlfühlen und gut gedeihen. Außerdem schützt der Schatten- und Wurzeldruck des Baumes das Aufkommen lichtliebender konkurrenzstarker Stauden, die konkurrenzschwache Schattengewächse wie das Leberblümchen verdrängen würden.

‹ Unter Bäumen fühlen sich Waldstauden wohl, die Wurzel- und Schattendruck sowie Falllaub vertragen.

ˆ Böschungen können mit standortgerechter Bepflanzung ein Glanzpunkt im Garten werden.

Begrünung für sonnige Böschungen

Hanglagen bleiben durch ihre exponierte Lage oft dauerhaft Extremstandorte, denn Witterungseinflüsse wie Hitze, Kälte, Sonnenstrahlung und Wind wirken auf diese ungeschützten Orte kontinuierlich ein. Außerdem neigen Hanglagen zur Bodenerosion. Eine Begrünung hilft, dies zu verhindern oder zumindest einzugrenzen. Dabei übernimmt jede Pflanzenart eine Funktion: Tiefwurzelnde Arten wie Rosen oder Dornige Hauhechel festigen den Hang. Ausläufertreibende Pflanzen wie Zypressen-Wolfsmilch stabilisieren den Boden oberflächlich. Bodendeckende niedrige Halbsträucher wie Echter Thymian und Sonnenröschen schützen vor Verwehung und Abschwemmung der Erde. Niedrige, flächig wachsende Pflanzen wie immergrüne Fetthennen und Thymianarten bedecken den Boden, füllen Lücken auf und vermindern die Erwärmung der Bodenoberfläche. Durch dieses Zusammenwirken über und unter der Erde verbessert die Pflanzengemeinschaft zusammen ihre Lebenschancen.

Beetidee Schattenlieblinge

Diese Mischung aus Waldgräsern, Waldblumen und Frühlingsgeophyten macht das Schattenbeet zu einem Glanzpunkt im Garten. Bereits ab März blühen in Weiß und Blauviolett Busch-Windröschen, Leberblümchen und Zweiblättriger Blaustern. Ihnen folgen im Frühling das Kleine Immergrün in Blau, gefolgt von der Vielblütigen Weißwurz. Der Frühsommer wird durch die Blüte von Balkan-Storchschnabel, Riesen-Segge und Schnee-Marbel dominiert. Ab dem Sommer blühen Bergwald-Storchschnabel und Funkie in Lilarosa und Lavendel.

- **1** Balkan-Storchschnabel
- **2** Schnee-Marbel
- **3** Kleines Immergrün
- **4** Riesen-Segge
- **5** Funkie
- **6** Vielblütige Weißwurz
- **7** Bergwald-Storchschnabel
- **8** Leberblümchen

7
4
6
3
2

8
3
6
5
1
3
7
4
3
6
5
2

Art	Blütezeit	Blütenfarbe	Höhe	Besonderheiten
Busch-Windröschen *Anemone nemorosa*	III–IV	weiß	10–20 (30) cm	Geophyt, zieht nach Blüte ein
Leberblümchen *Hepatica nobilis*	III–IV (V)	blauviolett	5–15 cm	horstig wachsend
Zweiblättriger Blaustern *Scilla bifolia*	III–IV	blau	5–20 cm	Geophyt, zieht nach Blüte ein
Kleines Immergrün *Vinca minor*	IV–VI (IX)	blau	10–20 cm	Bogenausläufer
Balkan-Storchschnabel *Geranium macrorrhizum*-Sorten	V–VII	hellrosa, rosa, weiß	25–40 cm	bodendeckend, ausläufertreibend
Vielblütige Weißwurz *Polygonatum multiflorum*	V–VI	weiß	30–80 cm	ausläufertreibend
Bergwald-Storchschnabel *Geranium nodosum*	VI–X	lilarosa	30–50 cm	bodendeckend
Schnee-Marbel *Luzula nivea*	VI–VII	creme	20–40 cm	ausläufertreibend
Riesen-Segge *Carex pendula*	VI–VII	braun	50 cm / 120 cm	immergrün
Funkie *Hosta*-Sorten	VII–VIII	lavendel, weiß	40–45 cm, auch höher	horstig wachsend

Pflege von Schattenbeeten

Im Schattenbeet ist es von Vorteil, nur wenig einzugreifen. Natürlicher Laubeintrag sollte belassen werden. In der Laubstreu finden Mikroorganismen, Käfer und Tausendfüßer ihren Lebensraum. Sie bauen das Laub zu Humus ab und machen die Nährstoffe für die Pflanzen wieder verfügbar. Wer naturnah pflegen möchte, schneidet erst im ausgehenden Winter etwa eine Handbreit über dem Boden die oberirdisch abgestorbenen Pflanzenteile zurück und verbringt sie auf den Komposthaufen. Für gepflegtere Schattenbeete können braune und verblühte Blütenstände regelmäßig zurückgeschnitten werden.

› Der Zweiblättrige Blaustern ist ein Geophyt, der bereits im Vorfrühling blüht.

˘ Der Balkan-Storchschnabel blüht ab dem Frühsommer. Durch seine Rhizome ist er gut trockenverträglich.

ˆ Die Vielblütige Weißwurz ist eine ornamentale Waldstaude.

ˆ Das Busch-Windröschen ist ein Geopyht. Es blüht im Vorfrühling und zieht dann rasch ein.

‹ Funkien gehören zu den Laubschmuckpflanzen.

Beetidee Sonnenkinder

Die Arten dieser Kombination sind einerseits funktionell, weil sie den Hang stabilisieren, andererseits besitzen sie durch ihren Wuchs und ihre Blüte auch einen besonderen Zierwert. Zwerg-Schwertlilie und Zypressen-Wolfsmilch beginnen den Blühreigen im Frühling, gefolgt von Thymian-Arten und Gewöhnlichem Sonnenröschen. Der Frühsommer wird durch die Rosen- und Lavendelblüte, den Gewöhnlichen Hufeisenklee und Blau-Schwingel eingeläutet. Ihnen folgen im Sommer die Blüte der Dornigen Hauhechel und des Scharfen Mauerpfeffers. Ab dem Spätsommer färben sich die Früchte der Rosen – die Hagebutten – und zeigen ihren zierenden Fruchtschmuck den ganzen Winter hindurch. Durch ihre Blüte und Früchte haben sie ökologischen Wert als Nahrungsquelle und schaffen einen wertvollen Teillebensraum.

1 Zypressen-Wolfsmilch
2 Scharfer Mauerpfeffer
3 Frühblühender Thymian
4 Blau-Schwingel
5 Zwerg-Schwertlilie
6 Dornige Hauhechel
7 Echter Lavendel
8 Gewöhnliches Sonnenröschen
9 Gewöhnlicher Hufeisenklee
10 Rotblättrige Rose
11 Bibernell-Rose
12 Echter Thymian

8
6
11
2
3
12
9
4

7
4
5
3
2
1
6
11
8
10
9
12

Art	Blütezeit	Blütenfarbe	Höhe	Besonderheiten
Zwerg-Schwertlilie *Iris pumila*	(III) IV (V)	violett, gelb	20–25 cm	Rhizomstaude
Zypressen-Wolfsmilch *Euphorbia cyparissias*	IV–V	gelb	15–30 cm	ausläufertreibend, bodenfestigend
Gewöhnlicher Hufeisenklee *Hippocrepis comosa*	(IV) V (IX)	gelb	10–25 cm	Leguminose, Tiefwurzler, bodenfestigend
Bibernell-Rose *Rosa pimpinellifolia* syn. *Rosa spinosissima*	V	weiß	10–80 cm	ausläufertreibend, Tiefwurzler, bodenfestigend
Echter Thymian *Thymus vulgaris*	V–VII (X)	blass purpurlila	15–40 cm	Tiefwurzler, bodenfestigend, bodendeckend
Frühblühender Thymian *Thymus praecox*	V–VII (X)	rosa	3–15 cm	ausläufertreibend, Spalierstrauch, bodendeckend
Gewöhnliches Sonnenröschen *Helianthemum nummularium*	V–IX	gelb	10–20 (35) cm	immergrün, bodendeckend
Blau-Schwingel *Festuca cinerea* syn. *Festuca glauca*	VI	gelblich-braun	15–25 cm	horstig, wintergrün
Dornige Hauhechel *Ononis spinosa*	VI–IX	rosa	30–60 (100) cm	Leguminose, Tiefwurzler, bodenfestigend
Echter Lavendel *Lavandula angustifolia*	VI–VII	blauviolett	20–60 cm	Halbstrauch, Tiefwurzler, bodenfestigend
Rotblättrige Rose *Rosa gallica*	VI–VII	rosa	100–250 (300) cm	Tiefwurzler, bodenfestigend
Scharfer Mauerpfeffer *Sedum acre*	VI–VIII	gelb	5–12 cm	immergrün, bodendeckend

Pflege der Böschungsbepflanzung

Wer es naturnah mag und nach dem Laissez-faire-Prinzip pflegen möchte, braucht kaum einzugreifen. Es reichen ein bis zwei Rückschnitte im Jahr. Diese erfolgen im Spätsommer, wo die verblühten Blütenstände etwa von Echtem Lavendel und Echtem Thymian entfernt werden, und im ausgehenden Winter, wo krautige und braune Pflanzenteile zurückgeschnitten werden. Wild-Rosen und Sonnenröschen müssen nicht geschnitten werden. Spontanvegetation wie Klatschmohnblumen können wir tolerieren, sofern wir sie als schön und nicht störend empfinden, anderen Bewuchs entfernen wir.

‹ Im Frühling blühen Zypressen-Wolfsmilch und Zwerg-Schwertlilie wie hier am Naturstandort in den Hainburger Bergen.

ˇ Die Rotblättrige Rose ist durch ihr rötlich-blaues Blatt eine zierende Wildform. Sie ist auch als Hecht-Rose bekannt.

ˆ Der Echte Thymian stammt aus dem Mittelmeerraum.

ˆ Mit seinen Ausläufern bedeckt der Frühblühende Thymian in Matten den Boden.

› Der Scharfe Mauerpfeffer ist eine sukkulente bodendeckende Pflanze. Sie speichert Wasser in ihren fleischigen Blättern.

» Die Dornige Hauhechel ist ein tiefwurzelnder Schmetterlingsblütler.

IV

Pflanze & Tier: Freunde fürs Leben

Wenn es im Frühling in unseren Obstbäumen und Beerensträuchern summt und brummt, sind wir glücklich. Die Blütenbesucher wie Hummeln und Bienen bestäuben unsere Pflanzen und versprechen eine gute Ernte. Durch die Fortpflanzungssymbiose werden Früchte gebildet. Und auch der Vogelgesang aus Bäumen und Sträuchern verheißt Gärtnerglück, denn bei der Jungenaufzucht brauchen sie unentwegt Nahrung. Räupchen, Würmern und Schnecken geht es an den Kragen. Und was ist mit den lästigen Blattläusen? Marienkäfer, Flor- und Schwebfliegenlarven befreien die Pflanzen von den unliebsamen Saugern. Durch die Räuber-Beute-Beziehung bewahren sie die Pflanzen vor Schadtieren und erhalten im Gegenzug ausreichend Nahrung und einen Lebensraum. Naturnahes Gärtnern erhält das Gleichgewicht. Pflanzen und Tiere fördern sich gegenseitig. Und wir genießen den Garten, freuen uns an reicher Ernte und gesunden Pflanzen.

Eine befruchtende Gemeinschaft

Hummeln und Bienen sind emsige Blütengäste. Unentwegt fliegen sie von Blüte zu Blüte, um Pollen und Nektar zu sammeln. Durch den Blütenbesuch der Insekten erfolgt die Bestäubung und es können sich Früchte bilden. Auch Gemüse wie Tomaten, Gurken und Paprika sind auf die kleinen Flieger angewiesen. Viele Insekten, viele Früchte – so einfach ist das.

Gegenseitige Anpassung als Erfolgsstrategie

Durch das gemeinsame Miteinander von Pflanzen und Tieren an einem Ort haben sich durch die Koevolution der Lebewesen teilweise sehr enge Bindungen – die wir als Symbiosen kennen – entwickelt. Eine davon ist die Beziehung zwischen Blüten und ihren Bestäubertieren, die wir als Bestäubungsökologie oder Blütenbiologie kennen. Es ist eine symbiotische Beziehung, die auf Fortpflanzung und Nahrungserwerb beruht. Die Pflanze bietet mit ihrer Blüte den Tieren als Belohnung für ihre Bestäubungsarbeit Nahrung in Form von Nektar oder Pollen oder beidem an. Das bestäubende Tier hat dadurch eine ausgiebige Nahrungsquelle, die es nutzen kann. Damit die Tiere gut an ihre Nahrung kommen können, haben sie sich morphologisch und physiologisch angepasst, etwa indem eine Gartenhummel einen sehr langen Saugrüssel besitzt, damit sie auch an den Nektar gelangen kann, wenn er tief am Blütengrund liegt wie beim Fingerhut oder im Blütensporn wie bei der Akelei. Außerdem besitzen die Bestäubertiere häufig die Fähigkeit zu fliegen. Denn bei einem Großteil der Blütenpflanzen befinden sich die Blumen vom Erdboden erhöht. Wer also ein gutes Flugvermögen besitzt, kann so rascher an die Nahrungsquelle gelangen. Umgekehrt haben sich aber auch die Pflanzen mit ihren Blüten an ihre Bestäubertiere angepasst. Die Nachtkerze etwa öffnet ihre hellgelben Schalenblüten, die in der Dunkelheit leuchten, erst ab der Dämmerung und verströmt zusätzlich einen Duft, denn sie wird hauptsächlich von nachtaktiven Schwärmern wie dem Mittleren Weinschwärmer besucht. Durch die gegenseitige Anpassung zwischen

Lippenblütler
Wiesensalbei
Salvia pratensis
Bestäubung:
Schlagbaum-Mechanismus
Hummel
Bombus

Blüte und Tier wird der Besucherkreis der Blüten eingeschränkt. Umgekehrt zeigen die Blütenbesucher meist Blütenstetigkeit, wenn eine ergiebige Nahrungsquelle gefunden ist. Der Mittlere Weinschwärmer besucht also noch weitere Nachtkerzenblüten, um seinen Hunger zu stillen. Damit erhöht sich wiederum für die Blüte die Bestäubungssicherheit. Denn bei der Berührung zwischen Blüte und Insekt landen Pollenkörner der Staubbeutel auf dem Körper des Insekts. Und diese werden dann bei der nächsten Blüte vom Insekt auf die Narbe der Blüte übertragen. Je nachdem, um welche Blüte und welches Insekt es sich handelt, unterscheiden sich die Mechanismen der Übertragung. Käfer beispielsweise sind nicht so gewandte Flieger wie Falter. Daher bevorzugen sie robuste und große Blumen wie Schafgarben oder Margeriten, auf denen sie landen können und dann genüsslich speisen. Hier finden wir oftmals blütenbesuchende Bockkäfer oder auch Trauerrosenkäfer. Auch mit ihrem Körper wird der Pollen auf die nächste Blüte übertragen. Andere Blüten sind raffinierter gebaut, wie die der Salbei-Arten. Ihre Blüten funktionieren nach dem Schlagbaum-Mechanismus, etwa der großblütige Muskateller-Salbei, der vorwiegend von Holzbienen besucht und bestäubt wird. Der Körper dieser großen Wildbiene ist passgenau auf die Blüte abgestimmt. Um an den süßen Nektar zu gelangen, muss sie tief in die Blüte eintauchen. Dadurch löst sie den Schlagbaum-Mechanismus aus: Die Staubbeutel der Blüte senken sich nach unten und berühren den Rücken der pelzigen Wildbiene; Pollenkörner bleiben haften. Wenn die hungrige Holzbiene nun weitere Muskateller-Salbei-Blüten besucht, überträgt sie nach und nach den Pollen auf andere Blüten. In der Blütenökologie ist diese Abhängigkeit als *Zoophilie* oder *Zoogamie* bekannt.

‹ Große Blütenstände wie jene der Straußblütigen Margerite sind typische Käferblumen.

˄ Tagfalter können mit ihren langen dünnen Rüsseln gut an Röhrenblüten saugen.

˄ Diese Hummel bestäubt eine Himbeerblüte.

› Bienen brauchen Pollen und Nektar für sich und ihre Nachkommen.

Passgenau abgestimmt – Blüten und ihre Besucher

Je nachdem, welche Tiergruppe hauptsächlich die Blüten besucht, unterscheiden wir in Bienen- und Hummelblumen, Käfer- und Fliegenblumen, Tagfalter- und Nachtfalterblumen.

Bienen- und Hummelblumen

Wildbienen und Hummeln können ultraviolette Strahlung und besonders blaue, violette oder lila Farben gut sehen, dafür aber keine rote Farbe. Deshalb fliegen sie bevorzugt Blüten mit diesen Farben oder Farbmalen an. Die Blütenform hingegen ist sehr variabel. Typische Bienen- und Hummelblumen haben aber meist einfache, ungefüllte Blüten, bei denen der Pollen gut erreichbar ist und der Nektar nur so tief verborgen liegt, dass die auf ihn angewiesenen Bienen oder Hummeln mit ihrem Rüssel an ihn herankommen. Typische Bienenblumen sind Lippenblütler wie alle Salbeiarten, aber auch Glockenblumen- und Storchschnabelarten, typische Hummelblumen zum Beispiel Veilchen, Akelei, Fingerhut und Eisenhut. Die Anpassung der Blüten an die Bienenbestäubung wird *Melittophilie* genannt.

˄ Der Wiesen-Salbei gilt als typische Bienenblume.

‹ Die Akelei hat ihren Nektar im langen Sporn verstaut. Nur Hummeln mit sehr langen Saugrüsseln gelangen an den begehrten Saft.

Tagfalterblumen

Schmetterlinge nehmen flüssige Nektarnahrung über ihren Saugrüssel auf. Daher besitzen typische Tagfalterblumen lange Stieltellerblüten wie Nelken, Trichterblüten wie Baldrian oder dünne Röhrenblüten der Korbblütler wie Wasserdost und Weidenblatt-Rindsauge. Bei diesen Blüten liegt der Nektar tief am Blütengrund. Neben der Blütenform haben diese Blumen manchmal auch einen besonderen Duft, der die Schmetterlinge anlockt. *Lepidopterophilie* bezeichnet die Anpassung der Blüte an die Falterbestäubung.

› Der Wasserdost ist eine beliebte Schmetterlingsblume.

Käfer- und Fliegenblumen

Käfer sind oft keine besonders wendigen Flieger und kommen mit ihren kurzen, beißend-kauenden Mundwerkzeugen nicht an tiefer oder versteckt liegenden Pollen und Nektar heran. Blumen, die gerne von pollen- und nektarfressenden Käfern besucht werden, sind daher meist robust gebaut, sodass sie sich gut auf ihnen niederlassen können, und bieten ihren Pollen und Nektar in großen und offenen, oft schalenförmigen Blüten gut zugänglich an. Beliebte Käferblumen sind etwa Doldenblütler wie die Wilde Möhre oder Korbblütler wie Schafgarben oder Margeriten. *Cantharophilie* bezeichnet die Anpassung an die Käferbestäubung. Doch nicht nur Käfer nutzen diese einfach gebauten Blüten als Nahrungsquelle, auch Fliegen und Schwebfliegen zählen zu den Blütengästen dieses Blütentypus.

˄ Der robuste Blütenstand der Schafgarbe hält auch ruppigen Käfern stand.

‹ Doldenblütler wie die Bärenklau locken Käfer, aber auch Zweiflügler wie Fliegen an.

Nachtfalterblumen

Nachtfalter sind in ihrer Sinneswahrnehmung an das Leben in der Nacht angepasst. Die nachtaktiven Falter fliegen auf helle, oftmals intensiv duftende Blüten wie Seifenkraut und Nachtkerze. Die helle Blütenfarbe leuchtet in der Nacht, zusätzlich können einige Nachtfalter den verströmenden Duft noch aus großer Entfernung ausmachen. Auch in diesem Fall haben sich die Blütenpflanzen auf ihre bestäubenden Insekten angepasst. Denn durch diese Sinnesreize können die Tiere ihre Nahrungsquelle selbst in der Dunkelheit wahrnehmen. Da Nachtfalter meist im Schwirrflug von Blüte zu Blüte fliegen und sich selten auf ihnen niederlassen, besitzen typische Nachtfalterblumen auch keine Landemöglichkeit für die Tiere.

› Das Echte Seifenkraut ist mit seinem Duft und der hellen Blüte auch für Nachtfalter gut zu finden.

Bestäuber im Garten ansiedeln

Insekten haben eine große Bedeutung als Bestäuber in der Natur und Landwirtschaft. Aber auch in unseren (Nutz-)Gärten ist ihre Bestäubungsleistung wichtig, denn zahlreiche Wildblumen und Gemüsepflanzen, Beerensträucher und Obstbäume werden durch Insekten wie (Wild-)Bienen und Hummeln, Schwebfliegen, Tag- und Nachfalter und zum Teil auch von Käfern bestäubt.
Hummeln und (Wild-)Bienen sind besonders emsig und daher sehr wertvoll für eine gute Bestäubungsleistung. Stachelbeergewächse wie Johannis- und Stachelbeeren, aber auch Hülsenfrüchte wie Erbsen und Bohnen werden fast ausschließlich von Hummeln bestäubt. In kühlen und regenreichen Regionen sind Hummeln generell wichtige Bestäuber, weil sie auch bei niedrigeren Temperaturen und feuchter Witterung noch ausfliegen.
Andere Fruchtgemüse wie Kürbisgewächse – dazu gehören etwa Zucchini, Kürbis und Gurke – werden vorwiegend von Bienen, aber auch von Schwebfliegen bestäubt. Gibt es ausreichend Blütengäste, ist das Ergebnis ein hoher Fruchtertrag, was uns in unserem Gemüsegarten natürlich freut. Doch nicht nur dabei helfen uns die fleißigen Insekten. Auch wenn wir Samen ernten und sie entweder als Saatgut zum Anbau von Blumen, Kräutern oder Gemüse oder als Gewürz wie etwa Fenchel-, Koriander- und Kümmelsamen verwenden wollen, sind wir auf die Bestäubertiere angewiesen.
Mit einem vielfältigen Nahrungs- und Lebensraumangebot kann es uns gelingen, Wildbienen, Hummeln und andere wertvolle Blütenbesucher dauerhaft im Garten anzusiedeln. Zugleich können wir damit einen positiven Beitrag zum Erhalt der Artenvielfalt leisten, denn die zunehmende Intensivierung der Landnutzung, die Bodenversiegelung und die negativen Wirkungen der Klimaveränderung setzen Wildtieren und besonders auch Wildbienen und Hummeln zu.

› Blumengärten mit Wildblumen und naturnaher Gestaltung sind besonders anziehend für viele unterschiedliche Blütenbesucher.

‹ Die imposante Holzbiene passt mit ihrem Körper perfekt in die Blüte des Muskateller-Salbei.

Naturnahe Pflanzungen als Nahrungsangebot

Damit sich bestäubende Insekten, insbesondere Wildbienen und Hummeln, in unseren Gärten wohlfühlen, legen wir vielfältige Blumenbeete an, die ihnen reichlich Nektar und Pollen bieten. Dabei sollten wir vor allem darauf achten, dass unsere Beete möglichst artenreich sind und eine durchgängige Blühfolge von Vorfrühling bis Herbst haben, sodass die Bestäuber das gesamte Jahr über ausreichend Nahrung für sich und ihre Nachkommen finden und nicht nur zur Blütezeit einiger weniger Gemüsepflanzen – denn das ist deutlich zu wenig für ein gesamtes Hummelvolk. Eine gute Kombination aus einheimischen früh, mittel- und spät blühenden Arten ist daher optimal. Deren Blüten sollten einfach und nicht gefüllt sein, da gefüllte Blüten kaum oder gar keinen Pollen oder Nektar bieten.

Im Vorfrühling und Frühling sind Blumenzwiebeln und Knollenpflanzen wie Schneeglöckchen, Lerchensporn, Krokus, Busch-Windröschen, Zweiblättriger Blaustern, Traubenhyazinthe und Wilde Tulpe für unsere bestäubenden Blütengäste sehr attraktiv, ebenso früh blühende Stauden wie Lungenkraut, Veilchen und Leberblümchen. Auch früh blühende Sträucher wie Schlehe, Kornelkirsche oder Weide sind wertvolle Insektenweiden.

‹ Im Sommer gibt es ein reiches Blütenangebot. Wasserdost und Blutweiderich, Hohe Fetthenne und Purpur-Sonnenhut locken Insekten an.

˄ Das gelbe Labkraut ist eine Futterpflanze für die Raupe des Taubenschwänzchens.

› Salbei-Arten und Kardengewächse sind Insektenmagneten.

Von Frühling bis Frühsommer können wir den Bestäubern mit Akelei, Knoblauchsrauke, Wiesen-Salbei, Blut-Storchschnabel, Taubnessel-Arten, Echtem Beinwell, Berg-Flockenblume und Silberblatt ein breites Nahrungsangebot machen, im Sommer mit Rittersporn, Kugeldistel, Mannstreu, Schafgarbe, Natternkopf, Rotem und Gelbem Sonnenhut, Skabiosen-Flockenblume, Malven und Glockenblumen.

Wertvolle Spätblüher im Garten schließlich sind Berg- und Herbst-Aster, Herbst-Anemone, Sonnenblume, Hohe Fetthenne, Blauer Eisenhut und Silberkerze.

Für arten- und blütenreiche Blumenbeete lässt sich im Garten fast immer eine kleine oder grössere Fläche finden, denn sie können auch sehr gut dort angelegt werden, wo es zum Beispiel für Gemüse nicht ideal ist, etwa weil es zu heiß und trocken oder zu schattig und feucht ist. Besonders (Wild-)Stauden sind an schwierige Standorte angepasst. Steht dennoch zu wenig Platz für ein eigenes Blumenbeet zur Verfügung, können Blumen auch gut direkt ins Gemüsebeet integriert oder rundherum angepflanzt werden.

Beetidee Bienentraum – für sonnig-trockene Standorte

Fast immer findet sich im Garten ein Plätzchen, an dem es heiß und trocken ist. Ein solches eignet sich besonders gut, um ein wild-romantisches Blumenbeet mit wärmeliebenden Wildblumen anzulegen, die vor allem für Wildbienen und Hummeln von Frühjahr bis Herbst reichlich Nektar und Pollen bieten.
Im Frühling liefern März-Veilchen, Traubenhyazinthen und Wiesen-Schlüsselblumen früh fliegenden Wildbienenarten wie der Gehörnten Mauerbiene und der Frühlings-Pelzbiene, aber auch Hummelköniginnen reichlich Nektar.

1	März-Veilchen	**5**	Wiesen-Salbei	**9**	Flachblättriger Mannstreu
2	Traubenhyazinthe	**6**	Skabiosen-Flockenblume	**10**	Ruthenische Kugeldistel
3	Wiesen-Schlüsselblume	**7**	Gewöhnlicher Dost	**11**	Berg-Aster
4	Gewöhnliche Akelei	**8**	Pfirsichblättrige Glockenblume	**12**	Kleinblütige Bergminze

Von Mai bis Spätsommer blühen Wiesen-Salbei, Pfirsichblättrige Glockenblume, Flachblättriger Mannstreu und Skabiosen-Flockenblume in Blauviolett und Purpur und locken durch ihre Blütenfarben und ihr reiches Pollen- und Nektarangebot viele Wildbienen an. Auch die Tauben-Skabiosen, die reich an Pollen sind, sowie Gewöhnlicher Dost und Kleinblütige Bergminze, die viel süßen Nektar bereitstellen, stehen bei Bienen hoch im Kurs. Im Herbst schließlich sind Berg-Aster, Gold-Steppenaster und Purpur-Waldfetthenne wichtige Nektarlieferanten für spät fliegende Arten.

Art	Blütezeit	Blütenfarbe	Höhe
März-Veilchen *Viola odorata*	(II) III–IV	violett	5–15 (25) cm
Traubenhyazinthe *Muscari* sp.	IV–V	hellblau	10–20 cm
Wiesen-Schlüsselblume *Primula veris* syn. *Primula officinalis*	IV–V (VI)	goldgelb	10–30 cm
Gewöhnliche Akelei *Aquilegia vulgaris*	(IV) V–VII	dunkelviolett, rosa, weiß, rot	30–60 (90) cm
Wiesen-Salbei *Salvia pratensis*	V–VIII (IX)	tief violettblau	30–60 cm
Pfirsichblättrige Glockenblume *Campanula persicifolia*	VI–VIII (IX)	blauviolett	30–80 cm
Flachblättriger Mannstreu *Eryngium planum*	(VI) VII–IX	stahlblau	30–60 (150) cm
Skabiosen-Flockenblume *Centaurea scabiosa*	(VI) VII–VIII (X)	purpurn	30–120 (200) cm
Ruthenische Kugeldistel *Echinops ritro* syn. *Echinops ruthenicus*	VII–VIII (IX)	stahlblau	(10) 30–70 cm
Gewöhnlicher Dost *Origanum vulgare*	VII–IX	altrosa, auch reinweiß	20–60 cm
Kleinblütige Bergminze *Calamintha nepeta* syn. *Calamintha nepetoides, Clinopodium nepeta*	VII–IX	hell violettblau	30–80 cm
Purpur-Waldfetthenne *Hylotelephium telephium* syn. *Sedum telephium, Sedum purpureum*	VII–IX	purpurn bis lila-rosa	25–50 (60) cm
Berg-Aster *Aster amellus*	VII–IX (X–XI)	hell blauviolett	20–60 (70) cm
Tauben-Skabiose *Scabiosa columbaria*	VII–X (XI)	purpurlila bis blaulila	20–60 (80) cm
Gold-Steppenaster *Galatella linosyris* syn. *Aster linosyris*	VIII–IX (X–XI)	goldgelb	15–50 cm

˄ Die Skabiosen-Flockenblume ist ein attraktiver Korbblütler, der unzählige Wildbienen und viele andere Insekten anlockt.

› Der Wiesen-Salbei bietet Bienen viel Nektar.

» Berg-Astern blühen ab dem Spätsommer.

ˇ Die leuchtend gelben Blüten der Gold-Steppenaster erblühen erst ab dem Spätsommer.

› Die Purpur-Waldfetthenne blüht ab dem Sommer.

» Kugeldisteln haben eine grafische Wirkung. Viele Hautflügler finden hier Nahrung.

Beetidee Hummelfreu(n)de – für schattig-frische Standorte

Schattige Gartenstandorte sind oft nicht so leicht zu bepflanzen und besonders für den Gemüseanbau sind sie nicht optimal. Allerdings gibt es eine Reihe von Wildblumen, die sich an solchen Standorten wohlfühlen und darüber hinaus auch für Wildbienen und besonders für Hummeln attraktiv sind.

1	Wald-Geißbart	**5**	Großblütiger Fingerhut	**9**	Kleb-Salbei
2	Große Sterndolde	**6**	Ausdauerndes Silberblatt	**10**	Wald-Ziest
3	Gewöhnlicher Beinwell	**7**	Blaue Himmelsleiter	**11**	Schneerose
4	Gewöhnliche Betonie	**8**	Echtes Lungenkraut		

Die weißblütige Schneerose und das Echte Lungenkraut sind vor allem für Hummelköniginnen, die schon im Vorfrühling aktiv sind, eine wertvolle Nahrungsquelle. Ab dem Frühsommer bieten Gewöhnlicher Beinwell, Ausdauerndes Silberblatt, Große Sterndolde, Wald-Geißbart, Großblütiger Fingerhut und Kleb-Salbei ein reiches Nahrungsangebot bis in den September hinein.

Art	Blütezeit	Blütenfarbe	Höhe
Schneerose *Helleborus niger*	(XII) I–IV (V)	weiß	15–30 cm
Echtes Lungenkraut *Pulmonaria officinalis*	III–V	blau, purpurn	10–30
Ausdauerndes Silberblatt *Lunaria redivia*	V–VII	hellviolett	30–140 cm
Gewöhnlicher Beinwell *Symphytum officinale*	V–VII (IX)	(purpur-)violett	(30) 50–100 cm
Große Sterndolde *Astrantia major*	(V) VI–VIII	weiß	30–100 cm
Wald-Geißbart *Aruncus dioicus* syn. *Aruncus sylvestris*	VI–VII	cremeweiß	80–150 (200) cm
Blaue Himmelsleiter *Polemonium caeruleum*	VI–VIII	himmelblau, weiß	30–80 cm
Großblütiger Fingerhut *Digitalis grandiflora*	VI–VIII	gelb	40–100 (120) cm
Gewöhnliche Betonie *Betonica officinalis* syn. *Stachys officinalis*	VII–VIII	dunkelrosa	30-70 (80) cm
Wald-Ziest *Stachys sylvestris*	VI–IX	dunkel- purpurrot	30–100 cm
Kleb-Salbei *Salvia glutinosa*	VII–IX	gelb	(40) 50–80 (100) cm

‹ Im Sommer erscheinen die leuchtenden Blüten des Kleb-Salbei. Er ist eine wertvolle Hummelweide.

« Die Schneerose ist eine der wenigen heimischen winterblühenden Stauden.

› Der Wald-Geißbart ist ein Rosengewächs. Die Pollenblume zieht viele unterschiedliche Insekten an.

˘ Die Blaue Himmelleiter strahlt in frischem Blau und lockt Bestäuber an.

ˆ Die Große Sterndolde ist ein wertvoller Sommerblüher.

‹ Das Ausdauernde Silberblatt leuchtet im Schatten und zieht die Blütenbesucher an.

Pflanzidee Insektenliebe – ein blumiger Rahmen für den Gemüsegarten

Manchmal hat es im Garten neben den Gemüsebeeten und anderen Anlagen einfach nicht mehr genug Platz für ein separates Blumenbeet. In diesem Fall bietet es sich an, zum Beispiel ein schmales Beet anzulegen, das den Gemüsegarten einfasst, oder aber einige ergänzende Blumen direkt an die Stirnseiten oder Seitenränder der Gemüsebeete zu setzen. Besonders Dauerkräuter eignen sich hierfür gut, denn sie locken nicht nur Bestäubertiere und andere Nützlinge an, sondern haben mit ihren ätherischen Ölen und Gerüchen oftmals eine schützende und abwehrende

1	Echter Salbei	**4**	Gewöhnliche Schagarbe	**7**	Pfefferminze
2	Winter-Bohnenkraut	**5**	Schnittlauch	**8**	Zitronen-Melisse
3	Echter Lavendel	**6**	Echter Thymian	**9**	Ysop

Wirkung gegen Schädlinge wie Blattläuse, Larven und Schnecken. Die blühenden Kräuter, insbesondere die Lippenblütler, zu denen hier alle gehören außer Schnittlauch und Gewöhnliche Schafgarbe, bieten mit ihren nektarreichen Blüten auch Hummeln und Wildbienen reichlich Nahrung.

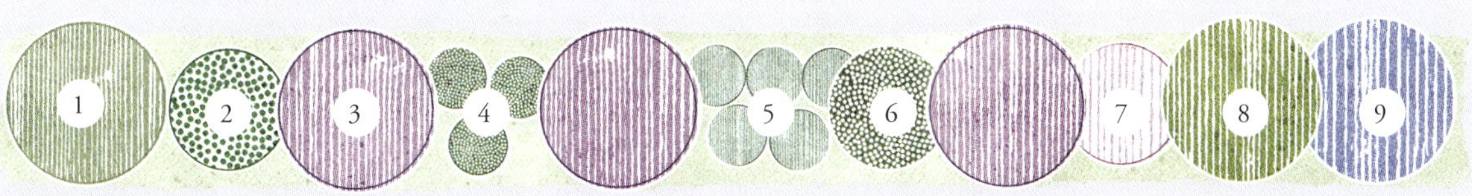

Art	Blütezeit	Blütenfarbe	Höhe
Echter Salbei *Salvia officinalis*	V–VII	violett, weiß, rosa	20–100 cm
Echter Thymian *Thymus vulgaris*	V–X	weißlich bis hell purpurrosa	20–40 cm
Echter Lavendel *Lavandula angustifolia*	VI–VII	blauviolett	20–60 cm
Pfefferminze *Mentha* sp.	VI–VII	rötlich-lila	50–90 cm
Schnittlauch *Allium schoenoprasum*	VI–VIII	violett bis hellpurpurn, weiß	20–25 cm
Zitronen-Melisse *Melissa officinalis*	VI–IX	weiß, gelblich, blassrosa	30–80 cm
Gewöhnliche Schafgarbe *Achillea millefolium*	(VI) VII–X	weiß	(15) 30–60 (120) cm
Winter-Bohnenkraut *Satureja montana*	VII–X	weiß, rosa, violett	10–50 cm
Ysop *Hyssopus officinalis*	VII–X	dunkelblau, rot, rosa, weiß	30–50 cm

^ Die Gewöhnliche Schafgarbe lockt Bestäuber und Marienkäfer an, die Blattläuse fressen.

‹ Der Echte Salbei ist bei Hautflüglern begehrt.

› Der Schnittlauch hat eine attraktive Blüte.

˘ Winter-Bohnenkraut ist beliebt bei Bestäubern.

ˆ Minzen sind nektarreich.

‹ Der Echte Lavendel zieht viele Blütenbesucher an. Er ist eine wertvolle Aromapflanze.

Lebensraum für Wildbienen, Hummeln und andere Bestäuber

Damit sich blütenbesuchende Insekten in unserem Garten wohlfühlen und sich dauerhaft in ihm niederlassen, brauchen sie nicht nur ein ausreichendes Nahrungsangebot, sondern auch einen Platz zum Schlafen, Rendezvous-Plätze und Paarungsorte sowie Nistmöglichkeiten, um ihren Nachwuchs aufzuziehen. Manche dieser Bedürfnisse werden bereits durch naturnah angelegte und extensiv gepflegte Blumenbeete erfüllt. So werden etwa Blumen und Samenstände, Stängel oder auch Grashalme von vielen Insekten gerne als Ruhestätte genutzt. Wildbienenmännchen etwa bilden Schlafgemeinschaften in Blüten oder an Fruchtständen. Meist jedoch sind Insekten bei ihrem Erholungsschlaf allein anzutreffen. Häufig werden dazu Blüten in Schalenform bevorzugt, denn sie bieten Schutz vor Fressfeinden und Witterung. Gerade auch im Frühling, wenn es noch kühl ist, suchen Wildbienen gezielt Blüten zum Wärmen auf. Auch die Paarung vieler Blütenbesucher wie Bienen, Schmetterlinge und Käfer findet auf den Blüten statt. Wildbienenarten, die ihre Nester in oberirdischen Hohlräumen anlegen, können wir relativ rasch und einfach geeignete Nistangebote machen. Etwa indem markhaltige oder hohle Pflanzenstängel, zum Beispiel von Königskerze und Kugeldistel, mindestens bis zum nächsten Frühling stehen gelassen werden. Denn die neue Wildbienengeneration überwintert in den Nestern und schlüpft erst im darauffolgenden Jahr. Schaffen wir außerdem Totholzecken, können Wildbienen in den röhrenförmigen Hohlräumen des Totholzes Nester anlegen. Auch dürre Zweige von Brombeer- oder Himbeersträuchern werden gerne genutzt. Einige dieser Hohlraumbesiedler, wie etwa die Rostrote und die Gehörnte Mauerbiene oder die Gewöhnliche Löcherbiene, nehmen auch gerne künstliche Nisthilfen an. Beispielsweise Bündel von Bambusröhren oder Schilfstängel, Holzblöcke mit Bohrungen oder Strangfalzziegel. Damit die künstlichen Nisthilfen von den Wildbienen angenommen werden, muss jedoch in Bezug auf den Standort, das Material und die Lochgrößen einiges beachtet werden. Sehr gute Tipps und Hinweise, wie geeignete Nisthilfen aussehen und gebaut werden können, finden sich unter anderem auf www.wildbienen.info.
Andere Wildbienenarten wie etwa Sandbienen legen ihre Nester im Boden an. Dafür benötigen sie offene oder schütter bewachsene Bodenstellen. Vor allem sandige oder lehmige Böden und insbesondere Lösslehm werden von bodennistenden Wildbienen bevorzugt. Auch einige Hummelarten wie zum Beispiel Erdhummel und Steinhummel legen ihre Nester im Boden an.

^ Obwohl die Wildbienen meist solitär leben, legen sie ihre Nester oft sehr nah beieinander an.

So wenig wie möglich, so viel wie nötig. Die wildtierfreundliche Pflege nach dem Laissez-faire-Prinzip schenkt uns mehr Zeit zum Genießen.

‹ Bleibt der Bewuchs den Winter über stehen, finden viele Insekten ein passendes Winterquartier.

ˇ Pflanzenstängel vom Vorjahr sind ein beliebter Nistplatz. Achtung: Erst im folgenden Jahr schlüpft hier die nächste Wildbienengeneration!

ˆ Blüten eignen sich auch als Schlafplätze. Hier ruht eine Schlafgemeinschaft aus Männchen der Malven-Langhornbiene.

› Lösslehm: ein hervorragender Nistort für Wildbienen.

Helfer gegen Blattlaus, Schnecke und Co.

Der Garten ist ein lebendiger Ort, an dem viele Tiere ihren Lebensraum finden. Doch nicht alle Tiere machen uns glücklich. Was, wenn Räupchen am Kohl knabbern und Blattläuse an Tomatenpflanzen saugen? Dann bleiben wir ruhig und gelassen, weil die Helfer unserer Pflanzen nahen. Sie heißen Marienkäfer, Erzwespe und Kohlmeise.

Fressen und Gefressen-Werden

In natürlichen Lebensräumen wie in Wäldern und auf Wiesen erfüllt jedes Lebewesen eine Funktion und hat seinen Lebenszweck. Es ist ein Glied in der Kette eines funktionierenden Ökosystems, das auf Stoffkreisläufen – und insbesondere dem Fressen und Gefressen-Werden – aufbaut. Diese Nahrungskreisläufe und Fraßbeziehungen können wir auf vereinfachte Weise in der Nahrungspyramide und in Nahrungsnetzen darstellen.

Die breite Basis der Nahrungspyramide wird von Pflanzen gebildet. Sie können die Sonnenenergie durch *Fotosynthese* nutzen und Masse aufbauen. Daher sind Pflanzen die Primärproduzenten auf der Erde. Diese erstaunliche Fähigkeit macht Pflanzen zu erfolgreichen Erdenbewohnern. Wo Pflanzen wachsen, findet Leben statt. Auf ihnen baut die Existenz aller anderen höheren Lebewesen auf.

Als direkte Nahrungsquelle werden Pflanzen von den Primärkonsumenten genutzt. Das sind die Veganer und Vegetarier unter den Konsumenten. Reh und Hase, zahlreiche Larven und Insekten wie Wildbienen und viele Käferarten gehören zu dieser großen diversen Gruppe, um nur einige wenige zu nennen. Sie ernähren sich direkt und ausschließlich von pflanzlicher Kost.

Tannenmeise
Raupe
Hermelin
Maus
Fliege
Amsel
Spinne
Zauneidechse
Erdkröte
Garten-
spitzmaus
Sandlaufkäfer
Igel
Schnecke

Über den Primärkonsumenten stehen die Sekundärkonsumenten, die Fleischfresser. Sie finden keinen Geschmack an pflanzlicher Kost, denn sie haben es auf die Gruppe der Primärkonsumenten abgesehen. So zum Beispiel ein Wiesel, das in der Maus eine fette Beute wittert, oder die Gottesanbeterin, die der Insektenbeute in der Blumenwiese auflauert.

Die Sekundärkonsumenten sind die Gegenspieler der Primärkonsumenten, das macht sie zu Verbündeten und Freunden der Pflanzen. Diese Beziehung basiert auf dem Prinzip «Mein Freund ist der Feind meines Feindes». Denn ihre Anwesenheit schützt und bewahrt die Pflanzen vor dem Gefressen-Werden.

In einem funktionierenden Ökosystem setzt sich die Nahrungspyramide aus zahlreichen Gliedern zusammen, wodurch sich vielfältige Nahrungsketten ergeben. Untereinander verbunden weben sie ein dichtes Nahrungsnetz. Das Prinzip des Fressens und Gefressen-Werdens reguliert das Verhältnis sowohl von Beutetieren als auch Raubtieren, die es auf sie abgesehen haben. Dadurch entsteht eine Balance im Ökosystem, ein ökologisches Gleichgewicht. Daher ist es nur natürlich, dass Larven und Raupen an Blättern knabbern, Pflanzenläuse und Zikaden an Pflanzen saugen. Gesunde und vitale Pflanzen halten das aus. Und nach und nach finden sich dann die Freunde der Pflanzen, die Raubtiere und Beutegreifer, ein und fressen die lästigen Tierchen wie Blattlaus und Maus einfach auf.

^ Blattkäfer sind reine Pflanzenfresser. Sie haben großen Appetit auf Blätter.

‹ Raupen sind Primärkonsumenten und fressen nur pflanzliche Kost.

˄ Wildblumenwiesen wie diese Salbei-Glatthafer-Wiese sind ein Lebensraum für sehr viele Pflanzen und Wildtiere.

› Zauneidechsen zählen zu den Sekundärkonsumenten. Sie fressen die Primärkonsumenten.

Nahrungskreisläufe im Garten kennen und nutzen

Beim biologischen Gärtnern können wir das Prinzip «Mein Freund ist der Feind meines Feindes», das auf dem Fressen und Gefressen-Werden basiert, gezielt nutzen. Vorausgesetzt, es leben ausreichend Räuber und Beutegreifer im Garten, sodass sich Schädlinge nicht massenhaft vermehren können. Haben wir genügend Leuchtkäferlarven und Laufkäfer im Garten, haben wir mit ihnen zugleich Verbündete gegen unliebsame Schnecken, die unseren jungen Blattsalat verspeisen wollen, und sichten wir Marienkäfer, Schweb- und Florfliegen, brauchen wir nicht panisch zu werden, wenn wir an unseren Tomatenpflanzen einige Blattläuse sehen. Auch bei Kohlweißlingsraupen am Weißkohl bleiben wir gelassen, denn wir wissen, dass Raupenwespen und Blaumeisen sie auf dem Speiseplan haben und unser vermeintliches Problem nach und nach einfach auffressen. Haben wir solche und viele weitere Nützlinge im Garten, können wir auf den Einsatz von giftigen Pestiziden verzichten. Allerdings brauchen wir etwas Geduld, bis unsere Helfer in ausreichender Zahl vorhanden sind.
Doch wer sind nun jene Tiere, die wir loswerden wollen, die wir als «Gartenschädlinge» titulieren? Und wer sind unsere Verbündeten, die sie zum Fressen gernhaben?

Gartenschädlinge im Überblick

Zwischen Schädling und Nützling zu unterscheiden, ist gar nicht immer leicht, zumal alle Tiere ihre Daseinsberechtigung haben und wertvolle Funktionen im Ökosystem einnehmen. Nehmen bestimmte Tiere aber überhand, kippt das Gleichgewicht. Im Garten können wir die Schädlinge, die uns und unseren Pflanzen zu schaffen machen, in vier Hauptgruppen einteilen:

Saugende Insekten wie Blatt- und Schildläuse, Wanzen und Zikaden
Blattläuse, viele Wanzenarten, Zikaden, Weiße Fliege, Thripse und Wurzelläuse laben sich an Pflanzensäften. Viele von ihnen saugen an Pflanzen und Blättern, aber auch an Samen und Früchten. Einzeln richten sie meist keinen oder kaum Schaden an. Treten sie jedoch in Massen auf, können sie durchaus negative Auswirkungen auf die Pflanzen und deren Entwicklung haben, etwa indem sie durch das Eindringen des Saugrüssels Krankheiten übertragen oder auf andere Weise den Nährboden für Krankheiten legen.

˘ Die Raupen des Großen Kohlweißlings treten bevorzugt in Gruppen auf. An ihrer Zeichnung sind sie gut zu erkennen.

ˆ Blattläuse treten meist im Frühsommer zahlreich auf.

‹ Kartoffelkäfer und dessen Larven fressen Laub von Nachtschattengewächsen.

Pflanzenfressende Larven und Insekten mit beißenden Mundwerkzeugen wie Käfer und Maulwurfsgrille

Käfer und ihre Larven, aber auch die Raupen der Schmetterlinge besitzen kauende und beißende Mundwerkzeuge, die sichtbare Fraßspuren hinterlassen. Je nachdem, welche Pflanzenteile befallen werden und um welche Tiergruppe es sich handelt, kann ein erheblicher Schaden an den Pflanzen verursacht werden. Da die Tierchen aufgrund ihrer Gefräßigkeit auch häufig selbst eine fette Beute abgeben, stehen sie bei vielen räuberischen Tieren auf der Speiseliste ganz oben.

Schnecken

Schnecken haben es mit ihren raspelnden Mundwerkzeugen häufig auf unsere Jungpflanzen und zartes Gemüse wie Salat abgesehen. Besonders zu schaffen macht uns meist die Spanische Wegschnecke, die nur wenige natürliche Feinde hat und daher oft in Massen auftritt. Zwar macht der Tigerschnegel – die größte heimische Nacktschnecke und an seiner fleckigen Zeichnung zu erkennen – Jagd auf sie, bei einem Massenauftreten schafft es aber auch er nicht, die Schneckeninvasion zu stoppen. In diesem Fall hilft dann nur noch absammeln und unschädlich machen. Andere Schneckenarten werden eigentlich selten zum Problem – und wenn, so gibt es viele natürliche Gegenspieler wie Laufkäfer und Leuchtkäferlarven, Igel, Drosseln und Kröten.

˄ Die Spanische Wegschnecke hat als nicht heimische Art zu wenige Gegenspieler und kann sich daher massenhaft vermehren.

‹ Bei Trockenheit und Hitze halten Schecken eine Ruhephase ein. Dann bleiben unsere Gartenpflanzen vor ihnen verschont.

ˆ Frisches Obst ist bei Mäusen sehr beliebt.

› Die kleinen Nager sehen niedlich aus, sind aber sehr gefräßig.

Kleine Nagetiere wie Mäuse und Wühlmäuse

Auch so manche Nager finden den Weg in unseren Garten. Zwar sehen die Tierchen recht possierlich aus, aber leider können sie einen kräftigen Appetit an den Tag legen. Wühlmäuse haben es besonders auf die Wurzeln unserer Pflanzen abgesehen, aber auch Wurzelgemüse wie Möhren oder Pastinaken werden gerne von ihnen verspeist. Mäuse wiederum machen sich gerne über Früchte von Tomaten und Paprika, Apfel und Birne her.

Gartennützlinge im Überblick

Um all die unliebsamen Vielfraße wieder loszuwerden, können wir uns andere Tierarten zu effektiven Verbündeten machen, als da wären:

Vögel wie Meisen und Drosseln, Grasmücken und viele andere

Gartenvögel erfreuen uns nicht nur mit ihrer Anwesenheit und ihrem Gesang. Viele Vögel sind auch besonders effektive Helfer. Denn während der Aufzucht ihrer Jungen brauchen diese ständig Futter. Je nach Vogelart sind das Larven, Würmer, Raupen, Mücken, Fliegen, aber auch Schnecken und viele andere Schadtiere, die wir im Garten nicht so gerne haben wollen.

Kleine Säugetiere wie Hermelin, Igel und Spitzmaus

Kleinere Säugetiere wie Mauswiesel und Hermelin machen Jagd auf Mäuse und Wühlmäuse, die sich über unser Gemüse hermachen. Spitzmaus und Igel gehören zu den Insektenfressern und verspeisen daher mit Vorliebe Larven, Käfer, Würmer oder Schnecken. Die nachtaktiven Fledermäuse fangen ihre Beute, zum Beispiel Motten und Käfer, meist im Flug.

^ Blaumeisen suchen gezielt nach Blattläusen.

‹ Diese Amsel hat fette Beute im Schnabel.

› Spitzmäuse sind immer auf der Suche nach Fressbarem in Form von Insekten und anderem Kleingetier.

» Ob es hier was zu fressen gibt?

ˆ Wasserfrösche jagen ihre Beute nicht nur im Wasser.

› Zauneidechsen haben vor allem Insekten und deren Larven auf dem Speiseplan.

Reptilien und Lurche wie Eidechsen und Frösche

Zaun- und Mauereidechsen haben es auf wirbellose Tiere wie Fliegen, Würmer und Heuschrecken abgesehen. Nattern haben vor allem Mäuse auf dem Speiseplan. Lurche sind wenig wählerisch beim Beutefang: Sie fressen haarige Raupen, Schnecken, Wanzen und vieles mehr.

Jagende und parasitoide Insekten wie Marienkäfer und Erzwespen
Diese überaus artenreiche Gruppe hat zusammengenommen ein sehr breites Nahrungsspektrum. Marienkäfer, Ohrwürmer, Flor- und Schwebfliegenlarven haben es auf Blattläuse abgesehen. Laufkäfer und Leuchtkäferlarven lieben vor allem Schnecken. Weich- und Sichelwanzen machen Jagd auf pflanzensaugende Wanzen. Libellen und Raubfliegen ergreifen ihre Beute – häufig Fliegen – im Flug. Die parasitoiden Schlupf-, Raupen- und Erzwespen legen ihre Eier in oder direkt neben ihr Wirtstier. Ihre Larven nisten sich dann in ihren Wirten ein und entwickeln sich dort. Das Wirtstier überlebt das nicht.

Lauernde und raubende Spinnentiere und Weberknechte
Diese Gartennützlinge finden wir oftmals nicht sympathisch. Doch wir sollten uns an ihnen freuen. In ihren Netzen wie jenen der Gartenkreuzspinne etwa verfangen sich Fliegen und Mücken. Und Arten wie die winzige Zebraspringspinne oder Weberknechte jagen aktiv nach kleinen Motten, Fliegen, aber auch Ameisen.

Wurmförmige Nützlinge, die Nematoden
Sie leben im Boden und sind so winzig, dass wir sie mit bloßem Auge nicht erkennen können. Aber sie sind durchaus effektive Nützlinge. Sie haben es etwa auf im Boden sich entwickelnde Larven abgesehen. Daher werden Nematoden auch in der biologischen Schädlingsbekämpfung gegen Larven wie die des Dickmaulrüsslers eingesetzt.

‹ Weichwanzen haben Blattläuse als Leibspeise.

‹ Gottesanbeterinnen lauern ihrer Beute auf, um blitzschnell zuzugreifen.

˘ Kleine Spinnen, kleine Beute. Spinnen haben es auch oftmals auf Blattläuse abgesehen.

ˆ Siebenpunkt-Marienkäfer siedeln sich dort an, wo es Nahrung gibt. Ihre Leibspeise sind Blattläuse.

› Glühwürmchenlarven verspeisen kleine Nacktschnecken.

Häufigste Gartenschädlinge und ihre Gegenspieler

Schädling	Betroffene(r) Pflanzen(teil)	Nützling
Blatt- und andere Pflanzenläuse	» befallen viele Gartenpflanzen, vor allem Gemüse, Obst und Rosen » saugen an Blättern und Stängeln	» Vögel wie Blaumeise, Feld- und Haussperling » Käfer wie Marien-, Weich- und Laufkäfer » Raubwanzen wie Sichel- und Blumenwanzen » Schweb- und Florfliegenlarven » Ohrwurm » Erz- und Schlupfwespen » Spinnen
Wanzen, Zikaden und Thripse	» befallen viele Gartenpflanzen » saugen an Blättern und Stängeln, aber auch Früchten und Samen	» Raubwanzen wie Sichel- und Blumenwanze, Rote Mordwanze » Käfer wie Marien- und Laufkäfer » Ohrwurm » Erz- und Schlupfwespen » Spinnen und Raubmilben
Fliegen und Mücken	» als Maden in Früchten von Obst und Gemüsen lebend wie Lauch- und Möhrenfliege	» Vögel wie Schwalben und Mauersegler » Säugetiere wie Fledermäuse » Lurche wie Erdkröten und Frösche » Wespenarten wie Gallische Feldwespe » andere Insekten wie Gottesanbeterin und Raubfliege
Raupen, Käfer und Larven	» vor allem (Gemüse-)Blätter fressend wie Kohl- und Kartoffelblätter » in und von Früchten wie Äpfel und Kirschen, aber auch Tomaten lebend » manche Holz von Gehölzen fressend	» Vögel wie Kohl- und Blaumeisen, Kuckuck » Säugetiere wie Igel, Spitzmaus und Fledermaus » Lurche wie Erdkröte, Gras- und Springfrosch » Reptilien wie Zaun- und Mauereidechse » Ohrwürmer » Ameisen » Raubwanzen wie Sichelwanzen » Schlupf- und Kohlweißlingsraupenwespen » Raupenfliegen

˄ Die Florfliegenlarve ist auch als Blattlauslöwe bekannt.

‹ Die Kohlweißlingsraupenwespe legt ihre Eier in die jungen Kohlweißlingsraupen.

Schädling	Betroffene(r) Pflanzen(teil)	Nützling
Schnecken	» (Gemüse-)Blätter fressend wie Salate » verspeisen Gemüseblüten und Früchte wie Kürbis und Zucchini » fressen Blumen wie Studentenblume	» Vögel wie Drosseln, Krähen und Elstern » Lauf- und Stummenten » Säugetiere wie Igel, Spitzmaus und Maulwurf » Reptilien wie Zauneidechsen » Lurche wie Blindschleichen, Kröten und Frösche » Käfer wie Lauf- und Weichkäfer, Leuchtkäferlarven, Schneckenhaus-Nistkäfer » Schnecken wie der Tigerschnegel
Ameisen	» beschützen und fördern Pflanzenläuse » Kahlstellen im Rasen durch bodennahe Nester	» Vögel wie Spechte » Lurche wie Erdkröten und Frösche » Laufkäfer » Spinnen
Nematoden und Wurzelläuse	» vor allem an Wurzelgemüsen wie Möhren saugend	» raubende Nematoden » Raubmilben
Larven, im Boden lebend	» an Wurzeln und Knollen wie Kartoffel fressend	» Säugetiere wie Spitzmaus und Maulwurf » Lurche wie Erdkröten » Reptilien wie Zauneidechsen » Laufkäfer und Laufkäferlarven » Nematoden
Mäuse und Wühlmäuse	» Wurzeln fressend, vor allem von Obstbäumen und (Wurzel-) Gemüsen » Früchte wie Äpfel und Paprika fressend	» Vögel wie Steinkauz, Elster, Turmfalke und Mäusebussard » Säugetiere wie Hermelin, Mauswiesel, Spitzmaus » Hauskatze » Schlangen wie Ringelnatter

› Die Raubfliege ergreift ihre Beute – oftmals sind es Fliegen – im Flug.

Nützlinge im Garten fördern

Die natürlichen Gegenspieler von Blattlaus, Raupe, Larve und Co. sind sehr vielfältig. Im biologisch bewirtschafteten Garten nutzen wir das bereits beschriebene Prinzip «Mein Freund ist der Feind meines Feindes» und verbünden uns mit jenen Lebewesen in der Nahrungspyramide, die über den Primärkonsumenten stehen. Glücklicherweise brauchen wir dazu nicht Wolf und Löwe als Gegenspieler im Garten, sondern unsere Verbündeten sind Igel und Spitzmaus, Hermelin und Kohlmeise, aber auch Reptilien und Amphibien, Spinnen und Insekten. Sie alle haben es auf die unbeliebten Gartenbesucher abgesehen und treten in Aktion, sobald eine ergiebige Nahrungsquelle vorhanden ist. Manchmal braucht es etwas Geduld, bis die jagenden und räuberischen Tierchen ihre Beute entdeckt haben. Damit die Freunde der Pflanzen rascher zu Hilfe kommen und die in Not befindlichen Pflanzen schneller aufspüren können, verströmen manche Pflanzen Botenstoffe. So locken zum Beispiel Mais, Hänge-Birke und Grau-Weide ihre Helfer gezielt an.

Doch was macht den Garten nun zum Paradies für Nützlinge? Und wie können wir diese dauerhaft im Garten ansiedeln? Damit uns das gelingt, müssen wir den nützlichen Tieren einen geeigneten Lebensort bieten. Ein angemessenes Nahrungsangebot in Form von ausreichend Beutetieren ist zwar ein wesentlicher Faktor, damit Nützlinge ihren Weg in den Garten finden, aber Wildtiere stellen zusätzliche Anforderungen an ihren Lebensraum. Auch sie haben nämlich Bedürfnisse wie ausreichend Erholungsschlaf und Familiengründung und brauchen einen sicheren Platz zum Ruhen, einen Ort für Balz und Paarung und einen geeigneten Nist- oder Brutplatz. Manche Tiere benötigen darüber hinaus passendes Nistmaterial, Wasser zum Trinken, Bademöglichkeiten oder weitere Annehmlichkeiten – je nach Tiergruppe und Wildtierart. Nur wenn alle Lebensbedürfnisse erfüllt sind, wird sich eine Tierart dauerhaft ansiedeln.

‹ Marienkäfer sind wichtige Blattlausvertilger.

› Naturnahe und artenreiche Gärten sind ein beliebter Lebensraum für viele Nützlinge.

Säugetiere – ein kleiner feiner Freundeskreis

Jagende Säugetiere sind häufig nachtaktiv. Sie gehen im Schutz der Dunkelheit auf Beutefang. Zu ihnen zählen beispielsweise Igel und Fledermaus. Der Igel ist wenig wählerisch, er frisst alles, was ihm unterkommt: zum Beispiel Schnecken, Regenwürmer, Asseln und Maden. Fledermäuse haben es auf nachtaktive Insekten wie Nachtfalter, Käfer, Mücken, aber auch Spinnentiere abgesehen.
Sowohl nacht- als auch tagaktiv sind Spitzmaus, Mauswiesel und Hermelin. Obwohl sie alle im Siedlungsraum leben, nehmen wir sie aufgrund ihrer Lebensweise oft gar nicht wahr, und dennoch gehören sie zu den wertvollen Verbündeten der Pflanzen. Spitzmäuse sind besonders effektive Jäger, denn sie brauchen ständig Nahrung, um nicht zu verhungern. Sie fressen Larven, Schnecken, Spinnen und manchmal auch kleine Säuger wie Mäuse. Auch Hermelin und Mauswiesel machen sich gerne über Kleinsäuger wie Mäuse und Wühlmäuse her. Durch einige gezielte Maßnahmen können wir für diese Tiergruppe die Lebensqualität im Garten erhöhen.

^ Igel sind nützlich und liebenswert.

‹ Das Hermelin hat Deckung im Holzhaufen gefunden. Gibt es hier Beute?

ˆ Das Herbstlaub landet in einer Kompostbox. Sie bleibt offen, damit ein Igel hier sein Winterquartier finden kann.

˃ Holzhaufen sind sichere Orte und Verstecke für viele kleine Tiere.

Haufenweise Unterschlupfe und Versteckmöglichkeiten

Damit Kleinsäuger wie Igel und Spitzmäuse unseren Garten als Lebensraum wählen, benötigen sie neben genügend Nahrung auch Rückzugsorte, etwa um einen Erholungsschlaf zu machen, sich vor Fressfeinden zu verstecken, Schutz vor schlechter Witterung zu finden, ihren Winterschlaf abzuhalten oder ihren Nachwuchs aufzuziehen. Totholz-, Laub- und Reisighaufen eignen sich besonders gut dafür.

Als nachtaktive Tiere sind besonders Igel dankbar für Unterschlupfe, die ihnen während des Tages ein ruhiges und geschütztes Plätzchen bieten. Auch über ein geeignetes Quartier, in dem sie von Spätherbst bis Frühjahr ihren Winterschlaf ungestört halten können, sind sie froh. Dafür benötigen sie allerdings größere Totholz- oder Laubhaufen von mindestens einem Quadratmeter Fläche, die sich idealerweise in ruhigen, etwas abgelegeneren Gartenecken befinden. Damit Igel unseren Garten als Lebensraum nutzen können, sind auch barrierefreie Zugänge wichtig. Denn mit ihren kurzen Beinchen können sie lediglich Höhen von etwa 15 Zentimetern überwinden. Daher sollten wir ihnen bodenebene Durchschlupfe mit etwa zehn mal zehn Zentimetern bieten.

Totholz-, Laub- und Reisighaufen werden überdies auch von vielen anderen Tieren, zum Beispiel von Fröschen, Kröten, Käfern, Ohrwürmern und anderen Insekten als Versteck, Winterquartier, Nistplatz oder Brutstätte geschätzt.

Einen Totholzhaufen richtig anlegen

Welches Material eignet sich?

Als Baumaterial eignet sich jedes naturbelassene Holz, das etwa beim Rückschnitt von Bäumen und Sträuchern im Garten anfällt. Das können dünne und dicke Äste – belaubt und unbelaubt –, aber auch Stämme sein. Nadelholz kann in geringen Mengen verwendet werden. Auch Wurzelstöcke sowie Laub, Heu und Stroh sind geeignet für den Bau eines Totholzhaufens. Je gemischter die Zusammensetzung des Materials, desto besser.

Wie baue ich den Haufen richtig?

Die Materialien sollten gemischt eingebaut werden. Wir beginnen mit größeren und sparrigen Ästen, damit ausreichend große Hohlräume – bis zu 30 Zentimeter Durchmesser – entstehen. Dann wird eine Lage kleineres Material wie feine Äste, aber auch Laub und Reisig eingebracht. Darüber kommt wieder eine Schicht größerer Äste. Der Haufen sollte auch bei Regen und Kälte einen guten Schutz bieten. Deshalb ist er beim Bau etwa eineinhalb Meter hoch anzulegen, da sich das Material mit der Zeit setzt.

Wo ist der passende Standort?

Es eignen sich viele Standorte im Garten. Sonnenplätze im Vordergrund einer Hecke beispielsweise begünstigen sonnenliebende Arten wie Eidechsen und andere Reptilien, Wildbienen und Käfer. An halbschattigen Standorten zwischen Gehölzen findet der Igel seinen Unterschlupf. Schattige Standorte wiederum werden von Kröten und Fröschen, Rinden- und Bockkäferlarven besonders geschätzt.
Der Haufen sollte jedenfalls an einem geschützten Standort sein, wo er vor Hochwasser oder starken Witterungseinflüssen verschont bleibt.

Fledermauskästen als Tagesversteck

Unsere heimischen Fledermausarten haben nachtaktive Insekten wie Stechmücken und andere Zweiflügler, Motten und Käfer auf dem Speiseplan. Im naturnahen und blumenreichen Garten gibt es für sie ausreichend Nahrung. Doch häufig mangelt es den Fledermäusen in unseren heutigen Siedlungsräumen an geeigneten Unterschlüpfen für den Tag. Spalten und höhlenartige Verstecke wie hohle und knorrige Bäumen sind kaum noch vorhanden. Dachböden sind verschlossen oder als Quartier ungeeignet. Indem wir Fledermauskästen an passenden Plätzen anbringen, wo die Tiere ihr Tagesquartier finden können, fördern wir diese nützlichen Nachtschwärmer. Die schmalen Spezialkästen sind in einigen Metern Höhe an Bäumen oder Gebäuden so anzubringen, dass die Einflugschneise nicht durch Äste oder Ähnliches behindert wird. Die Einflugrichtung kann nach Ost, Süd und West ausgerichtet sein, nur nach Norden sollte sie nicht weisen. Idealerweise herrscht im Fledermauskasten ein konstantes Tagesklima.

^ Fledermäuse ruhen kopfüber.

› Die nachtaktiven Fledermäuse brauchen spezielle Kästen als Ruheort.

Ein Igelhaus selbst bauen

Welche Materialien und Werkzeuge brauche ich?

Naturbelassenes sägeraues Lärchen- oder Fichtenholz, 2 cm stark, ohne Harzgänge, etwas Dachpappe, Schrauben, Nägel, Bits, eventuell etwas wasserfesten Leim, Handkreissäge mit Führungsschiene, Hammer, Winkel, Zollstock, Feile oder Raspel, Schmirgelpapier, Bleistift.

Wie sind die Holzteile zu bemaßen und zuzuschneiden?

Das Holz wie folgt bemaßen und anschließend die Teile ausschneiden:

- 1 Frontseite 30 cm x 40 cm
- 1 Hinterseite 25 cm x 30 cm
- 2 Seitenteile 30 cm und 25 cm (Schräge für Dachneigung) x 40 cm,
- Dach 48 cm x 45 cm
- 2 Leisten für Dach innen 39 cm x 5 cm
- optional Windfang 27 cm und 22 cm (Schräge für Dachneigung) x 19 cm.

Wie erfolgt der Zusammenbau?

Das Holz gemäß den Abmessungen zuschneiden. An der Vorderwand einen rechteckigen Eingang von 15 cm x 12 cm ausschneiden. Alle Teile zusammenschrauben, Wandteile verschrauben. An der Dachunterseite zwei Leisten so befestigen, dass das Dach als abnehmbarer Deckel funktioniert. Dachpappe annageln. Optional für den Windfang an der Oberkante die Aussparungen der Dachleiste von 2 cm x 5 cm ausnehmen und an der Frontseite anschrauben.

Das Igelhaus ist nur als Sommerquartier geeignet. Soll es auch als Winterquartier genutzt werden, braucht es eine zusätzliche Isolation, die vor Kälte schützt. Dazu eignet sich etwa Dämmmaterial aus Schafwolle. Außerdem sollten im Innenraum Stroh oder Heu sein, damit es sich der Igel gemütlich machen kann.

Wo stelle ich das Igelhaus auf?

Es sollte an einem geschützten und etwas versteckten Ort – etwa unter einem großen Busch – aufgestellt werden.

Wie ist das Igelhaus zu pflegen?

Ende April, nach den letzten Kältetagen, den Igelkasten leeren und mit einer Drahtbürste und heißem Wasser reinigen.

Vögel – die gefiederten Freunde der Pflanzen

Vögel gehören in unseren Gärten wohl zu den beliebtesten Besuchern. Dabei sind sie nicht nur schön anzusehen und erfreuen uns mit ihrem Gesang, sie sind auch überaus hilfreiche Nützlinge, wenn es darum geht, Pflanzenschädlinge in unserem Garten nicht überhandnehmen zu lassen.

Je nach Art unterscheidet sich der Speiseplan: Amseln und Drosseln ernähren sich überwiegend von Würmern, Käfern wie den schädlichen Rüsselkäfern, aber auch von Käferlarven, Schnecken und Ameisen. Rotkehlchen fressen während der Brutzeit ebenfalls gerne Würmer, Insekten, Larven und kleine Spinnen. Auch Buchfinken lieben Spinnen, Insekten und deren Larven. Kleiber und Gartenbaumläufer sammeln von den Baumrinden alles Getier ab, das sich dort herumtreibt wie Rindenläuse und Käfer. Sperlinge sind wenig wählerisch und mögen sowohl Unkraut und Samen als auch Käfer, Blattläuse, Larven und Raupen. Meisen, wie Kohl- und Blaumeise, fressen Insekten, deren Larven und Eier, aber auch Spinnengelege werden gerne verspeist.

˄ Stieglitze gelten als Samenfresser, aber die Nestlinge werden mit Insekten gefüttert.

‹ Blaumeisen suchen gezielt nach Blattläusen.

^ Das Rotkehlchen ist ein Heckenbewohner. Aber auch zwischen den Beeten wird nach Nahrung gesucht.

Während der Jungenaufzucht brauchen alle diese Vogelarten ausreichend Nahrung für ihre Nachkommen. Die Jungen werden von den fürsorglichen Eltern unentwegt mit tierischer Kost in Form von Raupen, Larven und anderen versorgt. Blaumeisen haben es dabei speziell auf Raupen abgesehen. Neben Spannerraupen verfüttern sie ihren Jungen auch Raupen der Gespinstmotten, Apfelwickler und selbst die gefürchteten Raupen des Eichenprozessionsspinners stehen auf ihrem Speiseplan.

Je nach Art sind auch die Lebensbedürfnisse unterschiedlich. Die Amsel und auch der Hausrotzschwanz sind sehr anpassungsfähig, was ihre Lebensansprüche angeht. Sie nutzen Gehölze als Sing- und Ansitzwarte, aber auch, um dort Nahrung zu finden. Manche Vogelarten wie Kleiber und Gartenbaumläufer brauchen zwingend Bäume als Bruthabitat und Nahrungsquelle. Andere Vogelarten wie Rotkehlchen, Zaunkönig und Grasmücken wiederum sind sogenannte Heckenbewohner und verbringen dort einen Großteil ihres Lebens.

Nistplätze anbieten

Bereits im zeitigen Frühjahr startet die Brutsaison unserer heimischen Vögel und dauert bis zum Hochsommer an. Die genaue Brutdauer und wann sie tatsächlich beginnt und endet, hängt von der Vogelart und dem Witterungsverlauf ab. Auch der bevorzugte Niststandort unterscheidet sich je nach Art. Kohl- und Blaumeisen, aber auch Kleiber und Feldsperling sind Höhlenbrüter. Sie legen ihre Nester in Baumhöhlen und anderen höhlenartigen Nischen an. Hausrotschwanz und Bachstelze gehören zu den Halbhöhlenbrütern und bauen ihre Nester vorwiegend in Spalten, Nischen und anderen halb offenen Strukturen. Der Haussperling wiederum ist flexibel: Er nutzt Höhlen und Nischen als Nistplatz. Sowohl Höhlen- als auch Halbhöhlenbrüter nehmen sehr gerne Nisthilfen an. Haben wir in unserem Garten also keine ihnen entsprechenden Strukturen, können wir diese Vogelarten auch gut mit gekauften oder selbst gebauten Nistkästen unterstützen.
Schwalben und Mauersegler brüten am Gebäude, vor allem an Dächern und in Mauerspalten, und gern in Kolonien. Schwalbennester sind geradezu kunstvolle, aufwendig hergestellte Nester und werden über viele Jahre hinweg benutzt, deshalb sind Schwalbennester unbedingt zu erhalten und keinesfalls zu zerstören. Für Schwalben und Mauersegler gibt es auch artspezifische Nisthilfen und -kästen im Handel zu kaufen.

^ Die Amsel ist ein Freibrüter und baut ihr Napfnest mit Vorliebe in Gehölzen.

‹ Das Amselmännchen beginnt bereits im Februar mit dem Gesang, um sein Revier abzustecken.

˄ Dieser Feldsperling ist mit dem Nestbau beschäftigt. Ob er den Nistkasten belegt hat?

› Höhlenbrüter wie Kohl- und Blaumeisen, Feldsperlinge und Kleiber nehmen dankbar Nistkästen an.

Amseln, Drosseln, Buchfink und Stieglitz, Heckenbraunelle und Klappergrasmücke zählen zu den Freibrütern. Sie bauen ihre Nester auf belaubten Bäumen sowie in dichten Hecken und Gebüschen. Besonders beliebt sind Sträucher mit Stacheln und Dornen wie etwa Weiß-, Schwarz- und Kreuzdorn, Heckenrosen oder Berberitzen, die ihnen Schutz vor Fressfeinden bieten. Bei den freibrütenden Arten sind Nistkästen weniger gefragt. Vielmehr sollten wir ihnen vielfältige Hecken bieten.

Einen Vogelnistkasten selbst bauen

Welche Materialien und Werkzeuge brauche ich?

Naturbelassenes sägeraues Lärchen- oder Fichtenholz, 2 cm stark, ohne Harzgänge, etwas Dachpappe, Schrauben, Nägel, Bits, eventuell etwas wasserfesten Leim, Handkreissäge mit Führungsschiene, Bohrschrauber, Lochbohraufsatz, Hammer, Winkel, Zollstock, Feile oder Raspel, Schmirgelpapier, Bleistift.

Wie sind die Holzteile zu bemaßen und zuzuschneiden?

Das Holz wie folgt bemaßen und anschließend die Teile ausschneiden:

- 1 Frontbrett 18 cm x 12,8 cm
- 1 Hinterseite 26 x 13 cm
- 2 Seitenteile 23 cm und 26,5 cm x 14 cm (Schräge für Dachneigung)
- 3 Frontleisten 17 cm x 3 cm
- Boden 13 cm x 12 cm
- Dach 20 cm x 20 cm
- Aufhängleiste 50 cm x 3 cm
- Dachpappe 21 cm x 21 cm

Wie erfolgt der Zusammenbau?

Die Frontbretter mit horizontalen Bleistiftmarkierungen einteilen: In einen oberen Abschnitt von 10 cm (dort kommt das Einflugloch), dann 3 cm, und von unten 5 cm; bei 3 Brettern jeweils im oberen Abschnitt die Diagonalen einzeichnen, um Mittelpunkt zu erhalten. In den Mittelpunkt dieser 3 Bretter jeweils ein Loch bohren und dieses mit Schmirgelpapier glätten:

» **für Kleinmeisenarten wie Blaumeise:** ø 2,7 cm
» **für Kohlmeisen und Sperlinge:** ø 3,2 cm
» **für Stare:** ø 4,5 cm
» **für Halbhöhlenbrüter wie Hausrotschwanz:** Im Frontbrett im oberen Bereich einen Rahmen ausschneiden, damit eine rechteckige Öffnung entsteht.

An jedes Frontbrett eine Frontleiste im 3-cm-Abschnitt annageln. Diese hält die Frontseite am Nistkasten fest. Rückseite, Seitenteile, Boden und Dach zusammenschrauben. Eventuell vorher verleimen. Anschließend je eine Frontleiste oben und unten bündig an den Seitenteilen anschrauben. Die Dachpappe auf das Dach nageln. Hinten in der Mitte die Aufhängleiste an den Nistkasten anschrauben. Die jeweils gewünschte Frontseite vorne einsetzen.

Wo hänge ich den Nistkasten auf?

Je nachdem, welche Vogelarten gefördert werden sollen, ist der Nistkasten passend aufzuhängen. In jedem Fall ist er katzensicher anzubringen. Für Koloniebrüter wie Haussperling sollten mehrere Nistkästen angebracht werden. Meisen und Stare mögen gerne Gehölze im Brutumfeld. Die Nistkästen können in alle Himmelsrichtungen weisen, nur nach Norden nicht.

Wie ist der Nistkasten zu pflegen?

Im Herbst den Nistkasten leeren und mit einer Drahtbürste und heißem Wasser reinigen.

Pflanzidee bunte Wildstrauchhecke

Die bunte Wildstrauchhecke besteht aus verschiedenen bei uns heimischen Arten, die im Frühsommer blühen und ab dem Spätsommer ihre Früchte tragen und damit sowohl Wildbienen und Hummeln als auch vielen Vogelarten reichlich Nahrung bieten. Besonders die Gartenvögel, die den Winter über in unseren Breiten verbringen, wie etwa Amsel, Drossel, Gimpel, Blau- und Kohlmeise oder

1 Purpur-Weide
2 Gewöhnlicher Schneeball
3 Blutroter Hartriegel
4 Gewöhnliches Pfaffenhütchen
5 Eingriffeliger Weißdorn
6 Stein-Weichsel
7 Gewöhnlicher Liguster
8 Faulbaum
9 Echter Kreuzdorn
10 Wolliger Schneeball
11 Pfeifenstrauch

auch das Rotkehlchen, freuen sich über die Früchte. Jene des Wolligen und des Gewöhnlichen Schneeballs oder des Ligusters bleiben bis in den Winter hinein an den Zweigen hängen. Sie sind eine wichtige Winternahrung, wenn Futter knapp ist. Darüber hinaus bietet die Wildstrauchhecke vielen Vögeln auch wertvolle Nist- und Versteckmöglichkeiten.

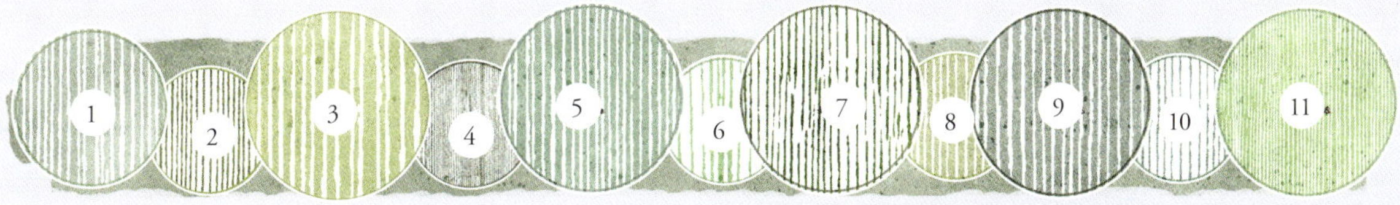

Art	Blütezeit	Blütenfarbe	Fruchtreife	Fruchtfarbe	Höhe
Purpur-Weide *Salix purpurea*	III–IV	Kätzchenblü- her	keine Früchte	-	4–6 m
Stein-Weichsel *Prunus mahaleb*	IV–V	weiß	ab VIII	schwarz	1–3 m
Wolliger Schneeball *Viburnum latana*	IV–VI	cremeweiß	ab IX	rot leuchtend, später schwarz glänzend	1–4 m
Echter Kreuzdorn, syn. Purgier-Kreuzdorn *Rhamnus cathartica*	V–VI	grün-gelb	ab IX	schwarz	1–3 (6) m
Eingriffeliger Weißdorn *Crataegus monogyna*	V–VI	weiß	ab IX	rot	2–6 (12) m
Faulbaum *Alnus frangula* syn. *Frangula alnus*	V–VI	grün-weiß	ab VIII	rot, dann schwarz	1–3 m
Gewöhnliches Pfaffenhütchen *Euonymus europaeus* var. *europaeus*	V–VI	grün-creme- weiß	ab IX	karmin- und orangerot	1,5–4 m
Gewöhnlicher Schneeball *Viburnum opulus*	V–VI	weiß	ab VIII	rot leuchtend	1–3 (4) m
Pfeifenstrauch *Philadelphus coronarius*	V–VI	weiß	keine Früchte	-	3–4 m
Blutroter Hartriegel *Cornus sanguinea* subsp. *sanguinea*	V–VI (IX–X)	grün-weiß	ab IX	schwarzblau	2–4 m
Gewöhnlicher Liguster *Ligustrum vulgare*	(V) VI–VII	weiß	ab VIII	schwarz glänzend	1–3 (5) m

‹ Der Pfeifenstrauch erfreut uns im Frühsommer mit seiner duftenden weißen Blütenpracht.

› Weiden blühen bereits früh im Jahr und sind eine wichtige Bienenweide.

˅ Der Gewöhnliche Schneeball hat attraktive weiße Blütenstände. Im Herbst locken seine roten Früchte die Vögel an.

˄ Die Blüten des Eingriffeligen Weißdorns riechen streng. Seine roten Früchte sind bei Vögeln beliebt.

‹ Der Gewöhnliche Liguster hat duftende Blütenstände, die Nachtfalter anlocken. Die schwarzen Früchte sind Vogelnahrung.

˄ Der Wollige Schneeball hat cremeweiße Blüten. Die Früchte färben sich von Grün auf Rot und später auf Schwarz.

Pflanzidee Wildobsthecke – Blüten und Früchte das Jahr hindurch

Bei dieser Hecke aus heimischen Sträuchern sind die Früchte und Nüsse nicht nur für uns Menschen schmackhaft, auch viele Wildtiere haben ihre Freude daran. Bereits im Sommer sind die Früchte von Gewöhnlicher Felsenbirne, Kornelkirsche und Schwarzem Holunder reif und werden von Mönchsgrasmücke, Star, Hausrotschwanz und anderen Vögeln verspeist. Ab dem Herbst freuen sich besonders Meisen und Rotkehlchen über die sauren Berberitzenfrüchte. Die Früchte der Schlehe und auch die Hagebutten der Hunds-Rose sind erst nach dem ersten Frost genussreif. An ihnen laben sich die Wintervögel wie Drossel und Meisen,

1	Gewöhnliche Felsenbirne	**4**	Hunds-Rose	**7**	Gewöhnliche Hasel
2	Kornelkirsche	**5**	Schwarzer Holunder	**8**	Pimpernuss
3	Gewöhnliche Berberitze	**6**	Schlehe		

Rotkehlchen und Amsel. Auch die Haselnüsse werden von einigen Vogelarten wie dem Kleiber und Eichelhäher gefressen. Die Hunds-Rose und die Berberitze bilden Stacheln und die Schlehe lange Dornen aus. In diesen bewehrten Büschen finden die Vögel einen schützenden Ort vor Feinden wie Katzen oder anderen Raubtieren. Im Dickicht der Gebüsche haben heckenbrütende Vögel wie Heckenbraunelle, Grasmücken-Arten, Girlitz, Bluthänfling und andere zudem geeignete Nistmöglichkeiten. Während ihrer Blütezeit sind die Sträucher auch für viele Insekten wertvolle Nektar- und Pollenquellen.

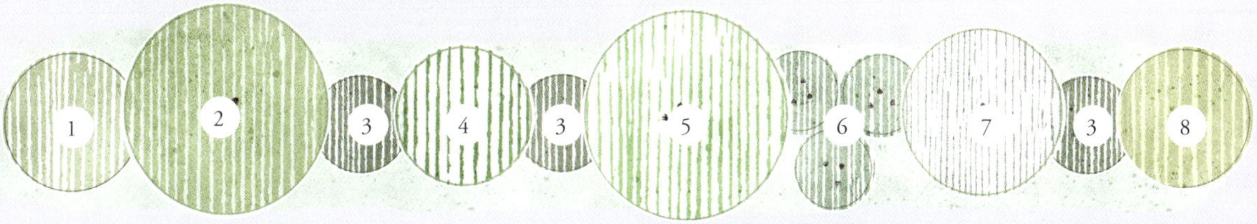

Art	Blütezeit	Blütenfarbe	Fruchtreife	Fruchtfarbe	Höhe
Gewöhnliche Hasel *Corylus avellana*	(I) II–IV	gelblich-brauner Kätzchenblüher	ab IX	haselnussbraun	1–5 (10) m
Kornelkirsche *Cornus mas*	(II) III–IV	gelb	ab VII	scharlachrot glänzend	2–10 m
Schlehe, syn. Schwarzdorn *Prunus spinosa*	(III) IV (V)	weiß	ab X	blauschwarz stark bereift	1–3 m
Gewöhnliche Felsenbirne, syn. Mitteleuropäische Felsenbirne *Amelanchier ovalis*	IV–V	cremeweiß	ab VIII	blauschwarz bereift	1–3 m
Gewöhnliche Berberitze, syn. Sauerdorn *Berberis vulgaris*	IV–V (VI)	gelb	ab IX	rot leuchtend	1–3 m
Pimpernuss *Staphyllea pinnata*	V	weiß	ab IX	blassgrüne Kapselfrüchte	2–4 m
Hunds-Rose *Rosa canina*	V–VI	hellrosa bis weiß	ab IX	korallenrot	1–3 m
Schwarzer Holunder *Sambucus nigra*	V–VI	cremeweiß	ab VIII	schwarzrot	4–7 m

˄ Die Gewöhnliche Hasel wird zwar windbestäubt, der Pollen aber von Bienen gesammelt.

‹ Die großen Schalenblüten der Hunds-Rose erscheinen im Frühsommer. Die Hagebutten, wie die Früchte auch genannt werden, sind wertvolle Vitamin-C-Lieferanten.

› Die Blütenstände des Schwarzen Holunders sind bei Vögeln sehr beliebt.

˘ Die Schlehe, auch Schwarzdorn genannt, hat weiße Blüten und blau bereifte Früchte. Ihr Laub ist Futter für die Raupe des Segelfalters.

ˆ Die Gewöhnliche Felsenbirne blüht im Frühling. Ihre Früchte sind bereits im Sommer reif.

‹ Die gelben Blüten der Kornelkirsche erscheinen bereits im März. Die roten Früchte können ab dem Spätsommer geerntet werden.

Wasserstellen und Sandschalen – Wellnessorte für Gartenvögel

Neben geeigneten Nistmöglichkeiten und einem breiten Nahrungsangebot sind Vögel auch dankbar für Wasserstellen zum Trinken. Dies gilt besonders für saatfressende Vögel, die häufiger trinken müssen, da ihre Nahrung kaum Feuchtigkeit enthält. Auch bei Hitze und Trockenheit, wenn viele natürliche Wasserquellen ausgetrocknet sind, sind Vögel – wie überdies auch viele andere Tiere – sehr froh um ein entsprechendes Trinkangebot. Besonders geeignet sind flache Wasserstellen oder flache Schalen wie Blumentopf-Untersetzer oder Ähnliches. Nicht geeignet sind zu tiefe Gefäße wie Wassertonnen ohne Abdeckung oder Ausstiegshilfe, da sich die Tiere daraus nicht mehr befreien können, wenn sie einmal hineingefallen sind. Damit über die Wasserstellen keine Krankheiten und Keime verbreitet werden, ist es wichtig, die Tränken regelmäßig zu reinigen und das Wasser zu wechseln, bei Hitze sogar täglich. Zudem sollten die Tränken nur an Orten aufgestellt werden, an denen sich Vögel sicher fühlen und bei Gefahr rasch genug wegfliegen können.

Wasserstellen werden von Vögeln nicht nur zum Trinken genutzt, auch das tägliche Bad gehört für viele Vogelarten zur Gefiederpflege und Hygiene dazu. Amseln und Stare, aber auch Kohl- und Blaumeisen sind regelrechte Badenthusiasten. Bei kolonielebenden Arten ist das Bad sogar Teil des Sozialverhaltens, etwa bei den Haus- und Feldsperlingen. Diese lieben aber nicht nur Wasser-, sondern auch Sandbäder, etwa um lästige Milben oder andere Parasiten loszuwerden. Dafür reicht bereits eine Schale mit wenigen Zentimetern Höhe und etwa 30 Zentimetern Durchmesser, die mit Sand gefüllt ist.

^ Meisen fressen im Winter auch Sämereien. Von den Sonnenblumen können die ölhaltigen Samen gut herausgepickt werden.

˅ Futtersäulen und Meisenknödel können in Bäumen aufgehängt werden.

‹ Sperlinge lieben Sandbäder zur Gefiederpflege.

« Flache Schalen eignen sich sehr gut als Vogelbad.

Futterstationen

Obwohl wir im naturnahen Garten versuchen, möglichst viele natürliche Nahrungsquellen auch im Winter anzubieten, ist diese Jahreszeit für Vögel dennoch eine Zeit des Mangels. Daher ist es durchaus sinnvoll, die Wintervögel mit geeignetem Weich- und Körnerfutter zu unterstützen. In Futtersäulen und Futterhäuschen können wir Sämereien und Nüsse, aber auch Weichfutter in Form von Haferflocken und Trockenfrüchten wie Rosinen anbieten. Meisenknödel und Futterringe runden das Angebot ab. Für Amseln und Stieglitze streuen wir das Futter direkt auf den Boden. Mit der Winterfütterung sollte man bereits im November beginnen und sie dann bis in den Vorfrühling andauern lassen. Wichtig ist, dass stets ausreichend und regelmäßig Futter vorhanden ist und die Futterstelle vor Nässe, aber auch vor Katzen und anderen Feinden geschützt ist.

Amphibien und Reptilien – hüpfende und kriechende Pflanzenfreunde

Frösche und Kröten, Eidechsen und Schlangen steht der Sinn nur nach fleischlicher Kost. Je nach Größe und Lebensraum haben es die wechselwarmen Tiere auf kleine Insekten und Spinnen oder auch auf größere Säugetiere wie Mäuse abgesehen. Erdkröten beispielsweise fressen haarige Raupen und Nacktschnecken. Ringelnattern sind völlig harmlose Schlangen und gehören zu effektiven Mäusevertilgern. Daher zählen Amphibien und Reptilien ebenfalls zum Freundeskreis der Pflanzen. Zudem sind alle Vertreter der Herpetofauna, wie wir Amphibien und Reptilien auch nennen können, geschützt. Denn ihre Lebensräume sind stark bedroht und ihr Rückgang wirkt sich negativ auf das ökologische Gleichgewicht aus. Schaffen wir für sie einen attraktiven Lebensraum in unserem Garten, leisten wir auch einen kleinen Beitrag zur Förderung dieser nützlichen Tiere.

Kleintümpel und Feuchtbiotope

Amphibien oder Lurche, wie wir Frösche, Kröten und Molche zusammen nennen, brauchen als Laichplätze geeignete Wasserstellen. Eiablage und Befruchtung erfolgen im Wasser. Auch die Entwicklung der Kaulquappen der Froschlurche sowie der Larven der übrigen Amphibien ist an das Wasser gebunden. Manchen Arten wie den Wechselkröten reichen temporäre Wasserstellen als Laichplatz, Molche hingegen verbringen ihr gesamtes Leben im Wasser. Wenn wir naturnah gestaltete Tümpelchen oder sogar Naturteiche im Garten anlegen, haben wir gute Chancen, dass sich diese nützlichen Tiere bei uns ansiedeln. Darüber hinaus werden Feuchtlebensräume auch von vielen weiteren Tieren gerne genutzt, zum Beispiel von Libellen. Sie sind nicht nur attraktiv, sondern auch hilfreiche und blitzschnelle Beutefänger im Garten.

« Feuchtbiotope sind für viele Arten ein wertvoller Lebensraum.

‹ Wasserfrösche verbringen ihr Leben im Teich. Sie brauchen ausreichend große Feuchtbiotope.

^ Steinschlichtungen oder Trockensteinmauern sind ein gutes Reptilienhabitat.

` Zauneidechsen lieben Sonnenbäder.

Steinhaufen und Trockenmauern

Wärmebedürftige Tiere wie Zauneidechsen und Schlangen nehmen Strukturen aus Stein gern als Unterkunft an. Die wechselwarmen Tiere finden in den Spalten und Ritzen einen guten Unterschlupf. Im Sommer geben die aufgewärmten Steine ihre Wärme in der Nacht ab. Tagsüber können die Reptilien auf den Steinen wärmende Sonnenbäder nehmen. Im Winter nutzen Eidechsen und Schlangen die Zwischenräume in Steinhaufen oder Trockenmauern gerne zum Überwintern. Eine sandige Fläche zur Eiablage am Fuße des Steinhaufens oder der Trockenmauer ist ideal für Zaun- und Mauereidechse. Die Sandlinse kann zusätzlich mit Baumwurzelstöcken und Totholz oder auch Pflanzen ausgestaltet sein.

Einen Miniteich anlegen

Miniteiche dienen als Rückzugsort für Frösche und Kröten. Für manche Arten können sie sogar als Laichplatz genutzt werden. Aber auch im Wasser lebende Insekten wie Larven von Libellen wie die des Plattbauchs können im Miniatur-Feuchtbiotop leben.

Wo ist der passende Standort?

Ideal für den Miniteich ist ein halbschattiger, aber heller Standort. Der Miniteich sollte bodeneben in die Erde versenkt sein, damit er besiedelt werden kann.

Welches Gefäß eignet sich?

Frostbeständige Gefäße aus Zink oder Kunststoff. Sie sollten etwa 50 Zentimeter tief sein und ein Fassungsvermögen von mindestens 50 Litern, besser mehr, haben.

Welche Materialien brauche ich noch?

Nährstoffarme Teicherde, Teichtöpfe, Kies, größere Steine, Pflasterscheine aus Granit oder Beton.

Welche Sumpf- und Wasserpflanzen sind geeignet?

Kleinwüchsige und kompakt wachsende Arten wie Blaugrüne Binse, Blut-Weiderich, Mädesüß, Pfennigkraut, Sumpf-Dotterblume, Sumpf-Schwertlilie, Sumpf-Vergissmeinnicht.

Wie baue ich den Miniteich?

Zuerst werden die Sumpf- und Teichpflanzen in die Teichtöpfe gepflanzt. Dazu kommt zuerst Teicherde in den Topf. Dann wird die Pflanze hineingegeben. Er wird mit Erde aufgefüllt und diese angedrückt. Darauf kommt eine etwa drei bis fünf Zentimeter hohe Kiesschicht. Je nach Miniteichgröße, Pflanzenarten und Topfgröße können fünf oder mehr Stück Topfpflanzen eingesetzt werden. Anschließend in das Gefäß die Pflaster- oder Betonsteine so setzen, dass sich die Pflanzentöpfe nah an der Wasseroberfläche befinden. Zur Dekoration und als Ausstiegshilfen für Tiere, die den Teich besuchen, werden größere Steine eingebracht und kleine Zwischenräume mit Kies aufgefüllt. Zum Schluss wird das Gefäß mit Wasser – idealerweise Regenwasser, keinesfalls kalkhaltiges Wasser – aufgefüllt.

Wie muss ich pflegen?

Der Miniteich ist konstant mit frischem (Regen-)Wasser aufzufüllen. Zu dichter Bewuchs ist regelmäßig auszulichten. Falllaub ist zu entfernen. Der Miniteich kann im Winter an Ort und Stelle verbleiben.

Einen Steinhaufen mit Sandlinse bauen

Wo ist der passende Standort?

Reptilien brauchen viel Sonne, daher ist ein sonniger Platz zu wählen. Als Schutz vor Fressfeinden sind umgebende dornige Sträucher wie Wildrosen gut, sofern sie nicht zu sehr beschatten. Angrenzende Blumenbeete oder Wildblumenwiesen, wo Reptilien geschützt ihre Beute finden, sind ideal.

Wie groß sollte die Fläche sein?

Je größer, desto besser. Ab etwa ein bis zwei Quadratmetern kann man einen Steinhaufen bauen. Der Durchmesser für die Sandlinse sollte etwa einen halben Meter haben. Optimal ist eine Gesamtfläche von zehn Quadratmetern oder mehr. Bei großen Steinhaufen können einzelne dornige Kleinsträucher gepflanzt werden. Sie schützen vor Raubvögeln und anderen Feinden.

Welche Materialien brauche ich?

Steine in unterschiedlichen Korngrößen, von etwa 10 bis mindestens 30 Zentimetern. Je nach Größe des Haufens werden etwa eineinhalb bei kleineren und bis zu 10 Kubikmeter Steinmaterial bei großen Habitaten benötigt. Für die Sandlinse braucht es etwa 175 Liter ungewaschenen Sand und etwas Kies als Drainageschicht. Auch einzelne Äste und Wurzelstöcke können eingebaut werden.

Wie wird es gemacht?

Zuerst wird die Fläche abgesteckt. Dann wird der Boden für den Steinhaufen etwa 80 bis 100 Zentimeter, für die Sandlinse ca. 35 Zentimeter tief ausgehoben. Der Aushub kann für den Bau eines Erdwalles an der Nordseite des Steinhaufens wieder eingebaut werden. 80 bis 100 Zentimeter Tiefe ist nötig, damit die Tiere frostfrei überwintern können. Die ausgehobene Grube für den Steinhaufen wird danach mit Steinen unterschiedlicher Korngrößen so verfüllt, dass ausreichend große Hohlräume entstehen. Einzelne Äste und Wurzelstöcke können miteingebaut werden. Die Höhe des Steinhaufens sollte an ihrem Hochpunkt einen Meter haben. Am Grubenboden der Sandlinse kommt eine 5 bis 10 Zentimeter dicke Drainageschicht aus Kies, um Staunässe zu vermeiden. Dann wird mit Sand aufgefüllt.

Wie muss ich pflegen?

Die Sandlinse sollte offen bleiben und nicht zu sehr verkrauten. Daher regelmäßig den Bewuchs mitsamt den Wurzeln entfernen. Ansonsten ist keine weitere Pflege nötig.

Insekten und Spinnentiere – räuberische und parasitoide Verbündete

Die Gruppe der Insekten ist die artenreichste und individuenstärkste unter den Tieren. Wie wir bereits gesehen haben, bringt diese Gruppe zahlreiche Gartenschädlinge hervor. Gleichzeitig finden sich unter den Insekten und unter den Spinnentieren aber auch zahlreiche Nützlinge.
Besonders effektive Helfer bei der Schädlingsbekämpfung sind zum Beispiel Käfer. Vor allem die Vertreter von Lauf-, Weich-, Leucht- und Marienkäfern sowie Kurzflüglern zählen zu unseren Verbündeten. Einige von ihnen leben als Larve räuberisch, andere als Imago oder sowohl als auch. Glühwürmchenlarven und auch Laufkäfer machen etwa Jagd auf Schnecken, Marienkäfer haben Blattläuse zum Fressen gern. Überaus nützliche Blattlausjäger sind auch Ohrwürmer sowie die hungrigen Larven von Schweb- und Florfliegen. Räuberisch lebende Wanzen wie Sichel-, Blumen- und Weichwanzen helfen uns dabei, Pflanzenläuse, Spinnmilben und Thripse loszuwerden. Parasitoid lebende Schlupf-, Raupen- und Erzwespen machen sich über lästige Raupen, Larven und Pflanzenläuse her, Libellen und Fangschrecken wie die Gottesanbeterin haben es vor allem auf Fliegen abgesehen. Schließlich gehören auch Spinnentiere zu den Nützlingen im Garten, denn sie jagen und verspeisen Fliegen, Mücken und geflügelte Blattläuse mit Genuss.

˄ Die Rote Mordwanze macht Jagd auf andere Wanzen.

‹ Soldatenkäfer jagen nach anderen Insekten.

ˆ Ohrwürmer fressen Pflanzenläuse.

› Krabbenspinnen lauern in Blumen auf Beute.

Lebenswerte Quartiere für Insekten und Spinnen

Damit sich möglichst viele nützliche Insekten und Spinnentiere bei uns wohlfühlen, ist ein abwechslungsreich gestalteter Garten mit vielfältiger Bepflanzung und verschiedenen Kleinstrukturen wichtig. Artenreiche Blumen-, Kräuter- und Gemüsebeete (siehe Seite 43 ff., 56 ff., 90 ff.) sowie Hecken aus heimischen Sträuchern (siehe Seite 152 ff.) sind auch für verschiedene Insekten- und Spinnenarten ein wertvoller (Teil-)Lebensraum. Die adulten Flor- und Schwebfliegen fressen Pollen und Nektar und sind daher häufige Blütengäste. Ihre Larven, die überaus gefräßige Blattlausvertilger sind, legen sie unter anderem auf Blumen ab. Auch Marien- und Weichkäfer sind oft auf Blumen anzutreffen. Die am Boden lebenden Larven des Weichkäfers sind ebenfalls nützlich, denn sie ernähren sich ausschließlich räuberisch von Schnecken und anderen Bodenbewohnern. In der Laubstreu am Boden finden sie, aber auch andere Larven einen geeigneten Unterschlupf. Andere nützliche Käfer wie der Lederlaufkäfer bevorzugen Totholzhaufen (siehe Seite 142) als Quartier, wieder andere, wie zum Beispiel der Sandlaufkäfer, benötigen Steinhaufen und Sandlinsen (siehe Seite 163). Laubstreu, aber auch Laub- und Totholzhaufen sind für viele Kleinlebewesen wie Ohrwürmer und Marienkäfer auch ein ideales Winterquartier. Feuchtbiotope (siehe Seite 162) werden wiederum von Libellen genutzt, um auf Beutefang zu gehen, aber auch, um ihre Eier abzulegen.

Nützlingsgruppe	Was? Warum?
Leuchtkäfer	» Leere Schneckenhäuser als Larvenunterkunft. » Adulte Käfer in naturnahen Blumenbeeten, Wildblumenwiesen und in Laubgehölzbeständen als Paarungsplätze. » Künstliche Außenbeleuchtung vermeiden, damit sich die Paarungspartner finden.
Laufkäfer	» Laub- und Reisighaufen, Totholzhaufen, Trockensteinmauern und Steinhaufen, aber auch Sandstellen und offene Bodenstellen, wo adulte Käfer und ihre Larven leben und überwintern. » Wildstrauchhecken mit Unterpflanzung, Laubstreu und Moos.
Marienkäfer	» Blumen, vor allem Korbblütler wie Gewöhnliche Schafgarbe und Färberkamille, als Pollen-Nahrung für adulte Käfer, wenn keine Blattläuse vorhanden sind. » Unterschlupf für Käfer wie Samenhüllen von Blasigem Leinkraut, Weinraute oder Skabiosen-Flockenblume. » Laubstreu als Winterquartier für die adulten Käfer.
Weichkäfer	» Laubstreu, Totholz und hohle Pflanzenstängel als Lebensraum für Larven. » Wildstrauchhecken und naturnahe Blumenbeete, besonders an Doldenblütlern und Schalenblüten wie Großes Windröschen als Jagdrevier, Rendezvous- und Paarungsplatz.
Ohrwürmer	» Geschützte und dunkle Unterkünfte wie Ritzen und Spalten, aber auch Ohrwurmhäuschen als Tagesversteck und Winterquartier für die adulten Tiere. » Naturnahe Blumenbeete, Wildblumenwiesen und Wildstrauchhecken als Lebensraum.

« Viele Käferarten wie dieser 22-Punkt-Marienkäfer, aber auch andere Arten, finden in der Laubstreu ein Winterquartier.

‹ Der Kokon der Gottesanbeterin haftet oft an Pflanzenstängeln.

Nützlingsgruppe	Was? Warum?
Räuberische Wanzen	» Naturnahe Blumenbeete und Wildstrauchhecken als Lebensraum für adulte Tiere. » Laubstreu und Steinhaufen für die Larven als Lebensraum und Winterquartier.
Zwei- und Netzflügler	» Naturnahe Blumenbeete und Wildstrauchhecken als Nahrungsquelle, Paarungsort und Lebensraum für adulte Tiere. » Laubstreu als Winterquartier für die adulten Tiere.
Libellen	» Teiche und Tümpel als Eiablageplatz und Lebensraum für Larven. » Zaunpfähle und andere vertikale Strukturen als Ansitzwarte für adulte Libellen.
Gottesanbeterin	» Naturnahe Blumenbeete als Lebensraum für Nymphen und adulte Tiere. » Bewuchs der Blumenbeete über den Winter stehen lassen, damit die Kokons nicht von Vögeln gefunden werden. Diese haften oftmals an Pflanzenstängeln in Bodennähe. » Rückschnitt der Beete im ausgehenden Winter nicht zu bodennah, damit Kokons im Beet verbleiben.
Spinnen	» Naturnahe Blumenbeete und Wildstrauchhecken als Lebensraum und Jagdrevier. » Laubstreu, Totholz- und Steinhaufen als (Winter-)Quartier und Jagdrevier.

˄ Die Wanzengrabwespe nutzt vertikale Strukturen als Ansitzwarte, um nach Beute Ausschau zu halten. Sie fängt Wanzen als Proviant für ihre Larven.

› In Radnetzen verfangen sich häufig Fliegen.

Insektenfreundlich gärtnern

Damit sich unsere nützlichen Insekten im Garten wohlfühlen und uns tatkräftig bei der natürlichen Schädlingsregulierung unterstützen, gärtnern wir biologisch (siehe Seite 26) und verzichten auf den Einsatz von Insektiziden und chemisch-synthetischen Spritzmitteln, denn nebst anderen Nachteilen werden mit diesen häufig nicht nur die Schäd-, sondern auch die Nützlinge vernichtet. Außerdem funktioniert die biologische Schädlingsregulierung wunderbar, sofern es uns gelingt, den Nützlingen einen ansprechenden Lebensraum zu bieten, der ihre verschiedenen Ansprüche erfüllt.

Zudem pflegen wir unseren Garten nach dem Laissez-faire-Prinzip (siehe Seite 123) und lassen dort, wo es möglich ist und es uns nicht stört, auch Wildnis im Garten zu. Das spart uns unnötige Gartenarbeit und die Insekten freut es. Daher sollten wir nicht zu penibel sein und auch einmal etwas stehen lassen. Besonders räuberische Fluginsekten wie Libellen, Raubfliegen oder Grabwespen wie der Wanzenjäger bevorzugen höher gelegene Strukturen, um Ausschau nach möglicher Beute zu halten. Als Ansitzwarten eignen sich hohe Gras- und Schilfhalme, Pflanzenstängel oder frei stehende Gebüsche und andere vertikale Elemente. Auch Wildbienen und andere nützliche Insekten schätzen Stehengelassenes wie Stängel oder Liegengelassenes wie leere Schneckenhäuser oder tote Äste, um ihre Gelege anzulegen. Je wilder und unaufgeräumter der Garten, umso mehr Nahrung und Schutz finden Insekten in verschiedenen Phasen ihres Lebenszyklus bei uns im Garten.

ˆ Die Zwerg-Wollbiene findet in hohlen Markstängeln ihren Nistplatz.

‹ Diese Libelle – ein Plattbauchweibchen – hält auf ihrer Ansitzwarte Ausschau nach Beute. Das Männchen dieser Liebellenart ist blau gefärbt.

^ Der insektenfreundliche Garten wird extensiv gepflegt und ist reich an unterschiedlichen Strukturen.

^ Auch leere Schneckenhäuser sind als Nistplatz und Unterschlupf begeht.

› In leeren Samenhüllen finden Käfer und andere Insekten Schutz.

Licht im Garten – weniger ist mehr

Nächtliche Beleuchtung im Garten mag für uns angenehm und nützlich sein, doch für viele, insbesondere nachtaktive Tiere wie Nachtfalter, Glühwürmchen und andere Nachtschwärmer, aber auch für Fledermäuse ist künstliches Licht im Außenraum problematisch, wenn nicht sogar gefährlich. Speziell Nachtfalter und nachtaktive Insekten werden von künstlichen Lichtquellen angezogen. Sie umschwirren das Licht oftmals bis zur völligen Erschöpfung. Außerdem irritiert künstliches Licht die Tiere. Sie finden ihre Paarungspartner nicht oder legen aufgrund der getäuschten Wahrnehmung ihre Eier an ungeeigneten Plätzen ab. Doch nicht nur nacht-, auch tagaktive Arten werden negativ beeinflusst, etwa weil sie das künstliche Licht als Dämmerung interpretieren oder sie nicht ausreichend Erholungsschlaf finden. Ähnlich wie wir Menschen schlafen die Tiere durch zu viel nächtliche Beleuchtung schlechter und weniger tief. Daher sollten wir Licht im Garten und Außenraum so sparsam wie nötig verwenden. Zudem sollten die Leuchtmittel keinesfalls nach oben, sondern nach unten strahlen, sodass fliegende Tiere nicht angezogen oder irritiert werden. Die Lichtfarbe sollte im rötlichen Spektrum liegen, was von den Tieren als weniger störend empfunden wird. Weißes Licht täuscht Tageslicht vor und sollte daher nicht verwendet werden. Gehen wir sparsam und zielgerichtet mit unserer Außenbeleuchtung um, so tun wir unseren Gartentieren etwas Gutes – und sparen gleichzeitig Energie, Geld und Ressourcen.

› Der nächtliche Garten ohne künstliche Beleuchtung ist auch stimmungsvoll.

‹ Das Glühwürmchen kann selbst Licht erzeugen. Diese Fähigkeit wird Biolumineszenz genannt.

Anhang

Anbaukalender – alle Kulturen im Überblick

Wenn wir in unserem Garten eine reiche Ente haben möchten und wohlschmeckende Gemüse ernten wollen, sollten wir den Zeitpunkt für den Anbau und die Ernte beachten. Dabei orientieren wir uns am Rhythmus der Natur.
Der Anbaukalender gibt einen Überblick über die zeitliche Abfolge der Kulturen über das Jahr. Im Anbaukalender sind die Monate für die Aussaat oder Pflanzung (in der oberen Zeile) sowie die Erntezeitpunkte (in der unteren Zeile) angegeben. Auch das regionale Klima und die Lage des Nutzgartens sind zu beachten. In einer Höhenlage mit rauem Klima sind die Anbauzeitpunkte oftmals später als in einem Weinbaugebiet. Dafür kann man an einem kühleren Standort bis in den Sommer hinein Radieschen kultivieren, die im Weinbaugebiet nicht mehr keimen würden, da es ihnen dann zu heiß ist. Wer noch wenig geübt im Gemüsebau ist, sollte vielleicht einen Blick in benachbarte Gemüsegärten wagen, um zu sehen, was dort gut wächst. Auch die ansässige Gärtnerei, die Gemüsepflanzen verkauft, kann hier hilfreiche Tipps geben.
Die Reihenabstände sind im Anbaukalender in der ersten Zeile angeführt. Innerhalb der Reihe gibt es wiederum andere Abstände. Diese sind in der zweiten Zeile angeführt. Außerdem findet sich in der letzten Spalte eine Angabe für die Aussaattiefe jeder Kulturart.

A = Ansaat
P = Pflanzung
V = Voranzucht
D = Direktsaat

Doldenblütler	I	II	III	IV	V	VI	VII	VIII	IX	X	XI	XII	Abstand	Tiefe
Möhre *Daucus carota* ssp. *sativus*													30 / 45 cm	
													2–3 cm	1–2 cm

☺ Partner: Blumenkohl, Dill, Endivie, Erbse, Knoblauch, Lauch, Pflücksalat, Zwiebel | ☹ Partner: Knollensellerie, Petersilie

☺ Vorkultur: Kartoffel, Zwiebel | ☹ Vorkultur: Knollenfenchel, Knollensellerie, Kraut, Pastinak, Wurzelpetersilie

Doldenblütler	I	II	III	IV	V	VI	VII	VIII	IX	X	XI	XII	Abstand	Tiefe
Blattpetersilie *Petroselinum crispum* ssp. *crispum*													15 / 30 cm	
													10–30 cm	1 cm

☺ Partner: Grünkohl, Gurke, Knoblauch, Lauch, Radieschen, Rettich, Ringelblume, Schnittlauch, Tomate, Zwiebel

☹ Vorkultur: Dill, Knollenfenchel, Knollensellerie, Kopfsalat, Möhre, Pastinak, Petersilie, Pflücksalat, alle Doldenblütler

Doldenblütler	I	II	III	IV	V	VI	VII	VIII	IX	X	XI	XII	Abstand	Tiefe
Knollensellerie *Apium graveolens* var. *rapaceum*			A	P	P								30 cm	
													30 cm	< 0,5 cm

☺ Partner: Blumenkohl, Bohne, Brokkoli, Grünkohl, Gurke, Kohlrabi, Lauch, Rosenkohl, Rot- und Weißkohl, Rucola, Spinat, Tomate

☹ Partner: Dill, Endivie, Kartoffel, Kopfsalat, Möhre, Paprika, Pastinak, Petersilie | ☺ Vorkultur: Bohne, Erbse

Doldenblütler	I	II	III	IV	V	VI	VII	VIII	IX	X	XI	XII	Abstand	Tiefe
Knollenfenchel *Foeniculum vulgare*		V	V/P	P		V	V/P	P					30 / 45 cm	
													30 cm	1–2 cm

☺ Partner: Basilikum, Buschbohne, Erbse, Gurke, Kopfsalat | ☹ Partner: Bohne, Kürbis, Pastinak, Tomate

☺ Vorkultur: Kartoffel, Spinat | ☹ Vorkultur: alle Doldenblütler

Doldenblütler	I	II	III	IV	V	VI	VII	VIII	IX	X	XI	XII	Abstand	Tiefe
Dill *Anethum graveolens*													15 / 30 cm	
													5–15 cm	1 cm

☺ Partner: Bohne, Erbse, Gurke, Kartoffel, Kohlrabi, Kopfsalat, Kraut, Möhre, Pflücksalat, Rote Bete, Tomate, Zwiebel

☹ Partner: Kerbel, Kümmel, Kürbis, Petersilie, Sellerie

Doldenblütler	I	II	III	IV	V	VI	VII	VIII	IX	X	XI	XII	Abstand	Tiefe
Kerbel *Anthriscus cerefolium*													10–15 cm	
													10–15 cm	< 0,5 cm

☺ Partner: Basilikum, Buschbohne, Erbse, Gurke, Kopfsalat | ☹ Partner: Bohne, Kürbis, Pastinak, Tomate

☺ Vorkultur: Kartoffel, Spinat | ☹ Vorkultur: alle Doldenblütler

Doldenblütler	I	II	III	IV	V	VI	VII	VIII	IX	X	XI	XII	Abstand	Tiefe
Koriander *Coriandrum sativum*			V	D	D								15–30 cm	
													10–15 cm	1–2 cm

☺ Partner: Kartoffel | ☹ Vorkultur: alle Doldenblütler

Doldenblütler	I	II	III	IV	V	VI	VII	VIII	IX	X	XI	XII	Abstand	Tiefe
Kümmel *Carum carvi*													15–30 cm	
													15–30 cm	< 0,5 cm

☺ Partner: Kartoffel | ☹ Partner: Dill | ☹ Vorkultur: alle Doldenblütler

Gänsefußgewächse	I	II	III	IV	V	VI	VII	VIII	IX	X	XI	XII	Abstand	Tiefe
Spinat *Spinacea oleracea*													15 / 30 cm	
													5–10 cm	3 cm

☺ Partner: Endivie, Grünkohl, Kohlrabi, Pastinak, Radieschen, Rosenkohl, Rot- und Weißkohl, Sellerie, Zucchini

☹ Partner: Bohnen, Mangold, Rote Bete | ☺ Vorkultur: Mangold, Rote Bete

Mangold *Beta vulgaris* var. *ciclia*													30 / 45 cm	
													30–40 cm	3 cm

☺ Partner: Bohne, Erbse | ☹ Partner: Rote Bete, Spinat, Tomate

☺ Vorkultur: Gurke, Kohl- und Krautarten, Lauch, Sellerie | ☹ Vorkultur: Rote Bete, Spinat

Rote Bete *Beta vulgaris* var. *vulgaris*													30 / 45 cm	
													5–10 cm	2–3 cm

☺ Partner: Erbse, Bohne, Bohnenkraut | ☹ Partner: Mangold, Spinat, Tomate

☺ Vorkultur: Gurke, Kohl- und Krautarten, Lauch, Sellerie | ☹ Vorkultur: Mangold, Spinat

Geißblattgewächse	I	II	III	IV	V	VI	VII	VIII	IX	X	XI	XII	Abstand	Tiefe
Feldsalat *Valerianella locusta*													15 cm	
													10–15 cm	1 cm

☺ Partner: Asia-Salate, Radieschen, Endivie, Zwiebel, Kohlrabi | ☹ Vorkultur: Bohne

Hülsenfrüchtler	I	II	III	IV	V	VI	VII	VIII	IX	X	XI	XII	Abstand	Tiefe
Gartenbohne *Phaseolus vulgaris* ssp. *vulgaris*													45 / 60 cm	
													5–7 cm	2–3 cm

☺ Partner: Blumenkohl, Dill, Endivie, Grünkohl, Gurke, Kartoffel, Knollensellerie, Kohlrabi, Mangold, Rote Bete, Rot- und Weißkohl, Zucchini | ☹ Partner: Knoblauch, Knollenfenchel, Lauch, Zwiebel | ☹ Vorkultur: alle Hülsenfrüchtler

Erbse *Pisum sativum* ssp. *sativum*													15 / 4–5 cm	
													3–5 cm	3 cm

☺ Partner: Dill, Grünkohl, Knollenfenchel, Kohlrabi, Möhre, Pflücksalat, Rettich

☹ Partner: Kartoffel, Knoblauch, Lauch, Paprika, Tomate, Zwiebel | ☹ Vorkultur: alle Hülsenfrüchtler

Korbblütler	I	II	III	IV	V	VI	VII	VIII	IX	X	XI	XII	Abstand	Tiefe
Kopf-, Pflück-, Bindesalat *Lactuca sativa*		A	A/P	A/P	A/P		A	A/P	A/P				30 cm	
													30–40 cm	0,5 cm

☺ Partner: Andenbeere, Asia-Salate, Dill, Gurke, Knollenfenchel, Kohlrabi, Lauch, Möhre, Radieschen, Rettich, Rucola, Spinat, Tomate, Zwiebel | ☹ Partner: Knollensellerie, Petersilie | ☹ Vorkultur: Kartoffel, Salat, alle Kreuzblütler

	I	II	III	IV	V	VI	VII	VIII	IX	X	XI	XII	Abstand	Tiefe
Endivie, Frisée *Cichorium endivia*						A	P						30 cm	
													30–40 cm	< 0,5 cm

☺ Partner: Bohne, Brokkoli, Chinakohl, Feldsalat, Grünkohl, Kohlrabi, Lauch, Möhre, Rot- und Weißkohl, Spinat
☹ Partner: andere Korbblütler | ☹ Vorkultur: alle Kreuzblütler

	I	II	III	IV	V	VI	VII	VIII	IX	X	XI	XII	Abstand	Tiefe
Zichorie, Radicchio, Zuckerhut *Cichorium intybus*						A	A	P					15 / 30 cm	
													15–40 cm	1 cm

☺ Partner: Endivie und alle Korbblütler | ☹ Vorkultur: alle Kreuzblütler

	I	II	III	IV	V	VI	VII	VIII	IX	X	XI	XII	Abstand	Tiefe
Kamille *Matricaria chamomilla* syn. *Matricaria recutita*			A	A	A	P							15 cm	
													15 cm	< 0,5 cm

☺ Partner: Bohne, Erbse, Kartoffel, Kohl, Lauch, Möhren, Petersilie, Radieschen, Salate, Sellerie, Spinat, Zwiebel

	I	II	III	IV	V	VI	VII	VIII	IX	X	XI	XII	Abstand	Tiefe
Ringelblume *Calendula officinalis*													15 cm	
													15 cm	1 cm

☺ Partner: verträgt sich mit allen Gemüsen, besonders Bohne, Kartoffel, Kohl, Kürbis, Tomate

	I	II	III	IV	V	VI	VII	VIII	IX	X	XI	XII	Abstand	Tiefe
Kornblume *Centaurea cyanus*													15 cm	
													15 cm	< 0,5 cm

☺ Partner: Radieschen, alle Kohlgewächse wie Kohlrabi, Grünkohl

	I	II	III	IV	V	VI	VII	VIII	IX	X	XI	XII	Abstand	Tiefe
Studentenblume *Tagetes* sp.			V	V	D								15–30 cm	
													15–30 cm	< 0,5 cm

☺ Partner: Gurke, Kartoffel, Kraut, Lauch, Petersilie, Salat, Tomate, Zwiebel | ☹ Partner: Paprika

	I	II	III	IV	V	VI	VII	VIII	IX	X	XI	XII	Abstand	Tiefe
Zinnie *Zinnia elegans*			V	V	D	D							15–30 cm	
													15–30 cm	1 cm

☺ Partner: Kartoffel, Tomate

Kreuzblütler	I	II	III	IV	V	VI	VII	VIII	IX	X	XI	XII	Abstand	Tiefe
Kohlrabi *Brassica oleracea* var. *gongylodes*													30 / 45 cm	
													30 / 45 cm	1–1,5 cm

☺ Partner: Bohne, Borretsch, Dill, Endivie, Erbse, Feldsalat, Gurke, Knollensellerie, Kopfsalat, Lauch, Pflücksalat, Rote Bete, Spinat

☹ Partner: Radieschen, Rettich, alle Kohlgewächse | ☹ Vorkultur: Radieschen, Rettich, alle Kohlgewächse

Kreuzblütler	I	II	III	IV	V	VI	VII	VIII	IX	X	XI	XII	Abstand	Tiefe
Grünkohl *Brassica oleracea* var. *sabellica*					A	A/P	P						45 / 60 cm	
													50–60 cm	1–2 cm

☺ Partner: Bohne, Endivie, Erbse, Gurke, Knollensellerie, Petersilie, Spinat | ☹ Partner: Kartoffel, Lauch

☺ Vorkultur: Bohne, Erbse | ☹ Vorkultur: alle Kohlgewächse

Kreuzblütler	I	II	III	IV	V	VI	VII	VIII	IX	X	XI	XII	Abstand	Tiefe
Radieschen *Raphanus sativus* var. *sativus*													10–15 cm	
													4–8 cm	1 cm

☺ Partner: Erbse, Feldsalat, Grünkohl, Kopfsalat, Mangold, Möhre, Petersilie, Pflücksalat, Spinat

☹ Partner: Asia-Salate, Brokkoli, Chinakohl, Gurke, Kohlrabi, Rosenkohl, Rucola, Zucchini | ☹ Vorkultur: alle Kohlgewächse

Kreuzblütler	I	II	III	IV	V	VI	VII	VIII	IX	X	XI	XII	Abstand	Tiefe
Rucola *Eruca sativa*													15 cm	
													10–15 cm	1 cm

☺ Partner: Basilikum, Bohne, Borretsch, Dill, Grünkohl, Knoblauch, Knollenfenchel, Knollensellerie, Kopfsalat, Petersilie, Rote Bete

☹ Partner: Kartoffel, Paprika, Radieschen, Rettich, Tomate, alle Nachtschattengewächse

☺ Vorkultur: Bohne, Erbse, Lauch, Knollensellerie, Radieschen, Salat | ☹ Vorkultur: alle Kürbisgewächse

Kürbisgewächse	I	II	III	IV	V	VI	VII	VIII	IX	X	XI	XII	Abstand	Tiefe
Zucchini *Cucurbita pepo*													1 St. / m²	
														3 cm

☺ Partner: Basilikum, Bohne, Borretsch, Spinat | ☹ Partner: Dill, Pflücksalat, Radieschen, Rettich, Tomate, alle Nachtschattengewächse, alle Kürbisgewächse | ☺ Vorkultur: Bohne, Erbse, Radieschen, Salat | ☹ Vorkultur: alle Kürbisgewächse

Kürbisgewächse	I	II	III	IV	V	VI	VII	VIII	IX	X	XI	XII	Abstand	Tiefe
Gurke *Cucumis sativus*													30 / 45 cm	
													100 cm	2 cm

☺ Partner: Basilikum, Bohne, Borretsch, Dill, Grünkohl, Knoblauch, Knollenfenchel, Knollensellerie, Kopfsalat, Petersilie, Rote Bete

☹ Partner: Kartoffel, Paprika, Radieschen, Rettich, Tomate, alle Nachtschattengewächse

☺ Vorkultur: Bohne, Erbse, Lauch, Knollensellerie, Radieschen, Salat | ☹ Vorkultur: alle Kürbisgewächse

Kürbisgewächse	I	II	III	IV	V	VI	VII	VIII	IX	X	XI	XII	Abstand	Tiefe
Kürbis *Cucurbita* sp.				V	D	D							bis 200 cm	
													bis 100 cm	2–3 cm

☺ Partner: Bohne, Brokkoli, Erbse, Mais, Ringelblume | ☹ Partner: Dill, Gurke, Zucchini

Lauchgewächse	I	II	III	IV	V	VI	VII	VIII	IX	X	XI	XII	Abstand	Tiefe
Lauch *Allium ampeloprasum*	SA	SA	HA SP	WA	WA HP	HP	WP	WP					30 / 45 cm	
													15–20 cm	1–2 cm

☺ Partner: Endivie, Kohlrabi, Möhre, Pastinak, Petersilie, Rosenkohl, Rot- und Weißkohl, Sellerie, Tomate

☹ Partner: Bohne, Erbse, Grünkohl, Knoblauch, Rote Bete, Zwiebel

☺ Vorkultur: alle Kohlgewächse | ☹ Vorkultur: alle Lauchgewächse

SA = Sommerlauch-Aussaat, HA = Herbstlauch-Aussaat, WA = Winterlauch-Aussaat, SP = Sommerlauch-Pflanzung, HP = Herbstlauch-Pflanzung, WP = Winterlauch-Pflanzung

	I	II	III	IV	V	VI	VII	VIII	IX	X	XI	XII	Abstand	Tiefe
Knoblauch *Allium sativum*													30 / 45 cm	
													10–15 cm	5–8 cm

☺ Partner: Gurke, Kopfsalat, Möhren, Paprika, Petersilie, Rote Bete, Tomate | ☹ Partner: Bohne, Erbse, Kartoffel, Lauch, Zwiebel

☺ Vorkultur: alle Hülsenfrüchte | ☹ Vorkultur: alle Lauchgewächse

Lippenblütler	I	II	III	IV	V	VI	VII	VIII	IX	X	XI	XII	Abstand	Tiefe
Basilikum *Ocimum basilicum*													15–25 cm	
													5–15 cm	1 cm

☺ Partner: Fenchel, Gurke, Mangold, Tomate, Zucchini | ☹ Partner: Bohnenkraut, Zitronenmelisse

	I	II	III	IV	V	VI	VII	VIII	IX	X	XI	XII	Abstand	Tiefe
Echtes Bohnenkraut *Satureja hortensis*				V	V/D	D							25–30 cm	
													25–30 cm	0,5 cm

☺ Partner: Bohne, Rote Bete | ☹ Partner: Basilikum

	I	II	III	IV	V	VI	VII	VIII	IX	X	XI	XII	Abstand	Tiefe
Französischer Majoran *Origanum majorana*			V	V	D	D							25–30 cm	
													25–30 cm	0,5 cm

☺ Partner: Möhre

Nachtschattengewächse	I	II	III	IV	V	VI	VII	VIII	IX	X	XI	XII	Abstand	Tiefe
Tomate			V		P								45 / 60 cm	
Solanum lycopersicum													50–100 cm	0,5–1 cm

☺ Partner: Basilikum, Borretsch, Knoblauch, Knollensellerie, Kopfsalat, Lauch, Petersilie | ☹ Partner: Erbse, Gurke, Knollenfenchel

☺ Vorkultur: Radieschen, Salat | ☹ Vorkultur: alle Nachtschattengewächse

Paprika		V	V		P								45 cm	
Capsicum sp.													50 cm	0,5–1 cm

☺ Partner: Bohne, Knoblauch | ☹ Partner: Erbse, Gurke, Knollensellerie

☺ Vorkultur: Knoblauch, Radieschen, Salat | ☹ Vorkultur: alle Nachtschattengewächse

Weitere Familien	I	II	III	IV	V	VI	VII	VIII	IX	X	XI	XII	Abstand	Tiefe
Borretsch													15 / 30 cm	
Borago officinalis													15–30 cm	1–2 cm

☺ Partner: Gurke, Paprika, Tomate, Zucchini, alle Kohlgewächse wie Kohlrabi, Radieschen, Rettich, Rucola

Kapuzinerkresse			V	V	D	D							30 cm	
Tropaeolum majus													50–100 cm	1–2 cm

☺ Partner: Bohne, Erbse, Gurke, Kartoffel, Kohl, Lauch, Möhren, Paprika, Salat, Sellerie, Spinat, Tomate, Zucchini, Zwiebeln

☹ Partner: Rucola

Mais													60 / 80–100 cm	
Zea mays													60 / 20–25 cm	3–5 cm

☺ Partner: Bohne, Erbse, Gurke, Kartoffel, Kopfsalat, Kürbis, Pflücksalat, Rucola, Sonnenblume, Zucchini

☺ Partner: Rote Bete, Sellerie | ☹ Vorkultur: Mais

Literatur und Quellen

Verwendete und weiterführende Literatur

Bellmann, H.: Der Kosmos Insektenführer. Franckh Kosmos Verlag, 2018.

Falkenburger, K.: So geht Naturgarten. Die besten Gartenelemente. Haupt, 2024.

Fischer, M., Oswald, K., Adler, W.: Exkursionsflora für Österreich, Liechtenstein, Südtirol. 3. Auflage. Biologiezentrum der Oberösterreichischen Landesmuseen, 2008.

Gigon, A., Stauffer, F.: Symbiosen beobachten. Feldführer für unsere Wälder, Wiesen, Äcker, Seeufer und Stadtnatur. Haupt, 2024.

Gigon, A.: Symbiosen in unseren, Wiesen, Wäldern und Mooren. 60 Typen positiver Beziehungen und ihre Bedeutung für den Menschen. 2., überarbeitete und ergänzte Auflage, Haupt, 2021.

Hannemann, S.: Klimastarke Gemüse. Reiche Ernte mit robusten Sorten. Haupt, 2024.

Heistinger, A.: Das große Biogarten-Buch. 6. Auflage. Löwenzahn Verlag, 2016.

Jäger, E. J. (Hrsg.): Rothmaler – Exkursionsflora von Deutschland, Gefäßpflanzen: Grundband. 21., durchgesehene Auflage. Springer Verlag, 2017.

Keller, S., Baur, H.: Schlupfwespen. Ihre geheimnisvolle Welt beobachten und verstehen. Haupt, 2025.

Kiss, F., Steiner, A.: Handbuch Pflanzenschutz im Biogarten: Wirkungsvoll vorbeugen, erkennen und behandeln. Löwenzahn Verlag, 2018.

Lauber, K., Wagner, G., Gygax, A.: Flora Helvetica. Illustrierte Flora der Schweiz. 6., vollständig überarbeitete Auflage. Haupt, 2018.

Niebel-Lohmann, A.: Wildbienen artgerecht unterstützen. Der Ratgeber für die Gartenpraxis. Haupt, 2022.

Richard, P.: Der gestaltete Naturgarten. Wildromatische Gärten planen und bauen. Haupt, 2025.

Schilperoord, P.: Kulturpflanzen der Schweiz: Sortenvielfalt und historisches Erbe. Haupt, 2025.

Schwingesbauer, S.: Natürlich schön und wild umschwärtm. Insktenfreudliche Blumenbeete planen, umsetzen und pflegen. Haupt, 2023.

Schwingesbauer, S.: Wo die wilden Nützlinge wohnen. Gärtnern für eine bunte Tier- und Pflanzenwelt. 2. Auflage. Löwenzahn Verlag, 2020.

Spohn, M., Spohn, R.: Blumen und ihre Bewohner. Der Naturführer zum reichen Leben an Garten- und Wildpflanzen. 2. Auflage. Haupt, 2020.

Tschäppeler, S., Haslinger, A.: Praxishandbuch Stadtnatur. Biodiversität fördern im Schweizer Siedlungsraum. Haupt, 2024.

Westrich, P.: Die Wildbienen Deutschlands. 2. Auflage. Verlag Eugen Ulmer, 2019.

Wiesbauer, H.: Wilde Bienen. Biologie – Lebensraumdynamik am Beispiel Österreich – Artenportraits. Erweiterte und aktualisierte Auflage. Verlag Eugen Ulmer, 2023.

Wurst, S.: Der Boden lebt. Kleinstlebewesen, unsere Erde und das Klima. Haupt, 2025.

Verwendete und weiterführende Websites

www.floraweb.de –
Daten und Informationen zur Flora Deutschlands

www.flora-germanica.de –
Bilder, Verbreitungsangaben und Infos zur Flora Deutschlands

www.flora.nhm-wien.ac.at –
Bild-Datenbank der Wildpflanzen Österreichs

www.infoflora.ch –
Bilder, Verbreitungsangaben und Infos zur Flora der Schweiz

www.insektenbox.de –
Webseite zu Insekten: Steckbriefe, allgemeine Informationen, viele Fotos

www.schmetterling-raupe.de – Bestimmungshilfe und Infos über Schmetterlinge

www.wildbienen.de – Wildbienenporträts und weitere Infos

www.wildbienen.info – Wildbienenporträts und weitere Infos

www.kerbtier.de – Webseite zur Käferfauna Deutschlands

Bildquellen

Alle Illustrationen stammen von Rita Engl.
Alle Fotos stammen von Sonja Schwingesbauer, bis auf die folgenden:
Bernd Selzer: S. 36–37, S. 144–145, S. 150–151
Lars Ternes: S. 191

Bezugsquellen von Pflanz- und Saatgut

Deutschland

Die Staudengärtnerei
D-97348 Rödelsee
www.die-staudengaertnerei.de

Dreschflegel Bio-Saatgut
D37213 Witzenhausen
www.dreschflegel-saatgut.de

Eggert Baumschulen
D-25594 Vaale
www.eggert-baumschulen.de

Gärtnerei Strickler
D-55232 Alzey
www.gaertnerei-strickler.de

Häussermann Stauden + Gehölze
D-71696 Möglingen
www.haeussermann.com

Hof Berg-Garten
D-79737 Herrischried
www.hof-berggarten.de

Staudengärtnerei Gaißmayer
D-89257 Illertissen
www.gaissmayer.de

VEN – Verein zur Erhaltung der Nutzpflanzenvielfalt e.V.
D-24879 Neuberend
www.nutzpflanzenvielfalt.de

Österreich

Arche Noah – Gesellschaft für die Erhaltung der Kulturpflanzenvielfalt
A-3553 Schiltern
www.arche-noah.at

Bio-Blumengärtnerei Seidemann
A-6176 Kematen in Tirol
www.blumenpark.at

City Farm – Verein zur Förderung von Urban Gardening, Gartenpädagogik und ökologischer Bildung
A-1020 Wien
www.cityfarm.wien.at

Claudia Tögel Gärten & Teiche
A-2184 Hauskirchen
www.garten-toegel.at

Micko Pflanzenparadies
A-8501 Lieboch/Schadendorf
www.micko.at

ReinSaat
A-3572 St. Leonhard am Hornerwald
www.reinsaat.at

Sandner – die Gärtnerei zum Stift St. Florian
A-4490 St. Florian
www.sander-gaertnerei.at

Stauden Kopf
A-6832 Sulz-Röthis
www.stauden-kopf.at

Schweiz

Bioterra
CH-8004 Zürich
www.bioterra.ch

Die Wildstaudengärtnerei
CH-6274 Eschenbach
www.wildstauden.ch

Gartenpflanzen Daepp
CH-3110 Münsingen
www.daepp-pflanzen.ch

Hauenstein
CH-8197 Rafz
www.hauenstein-rafz.ch

Neubauer Biogärtnerei
CH-8586 Erlen
www.neubauer.ch

Wildstaudengärtnerei Höfli
CH-8537 Nussbaumen
www.wildstauden-gaertnerei.ch

Biologischer Pflanzenschutz

Neudorff
D-31860 Emmerthal
www.neudorff.de

Bio Furtner
A-3031 Pressbaum
www.biofurtner.com

Biohelp Garten & Bienen
A-1110 Wien
www.garten-bienen.at

Andermatt Biocontrol & Biogarten
CH-6146 Grossdietwil
www.biocontrol.ch
www.biogarten.ch

Sonstiges – Nisthilfen, Gartenwerkzeuge

Hasselfeldt Nisthilfen und Artenschutzprodukte
D-24613 Aukrug
www.nistkasten-hassenfeldt.de

Krumpholz-Werkzeuge
D-95356 Grafenhaig
www.krumpholz1799.de

Naturschutzbedarf Strobel
D-04626 Schmölln OT Kummer
www.naturschutzbedarf-strobel.de

Schwegler Natur
D-73614 Schorndorf
http://www.schwegler-natur.de/

Register

Über die Autorin

Sonja Schwingesbauer ist Pflanzplanerin und Autorin für naturnahes, wildtierfreundliches Gärtnern. Nach ihrer Ausbildung zur Kleinkindpädagogin studierte sie auf dem zweiten Bildungsweg Landschaftsplanung und -pflege an der Universität für Bodenkultur Wien. Dort war sie von 2008 bis 2015 wissenschaftliche Mitarbeiterin für Pflanzenverwendung. Von 2013 bis 2025 war sie in einem Planungsbüro als Pflanzplanerin in Wien tätig. 2025 hat sie ihr eigenes Ingenieurbüro für Landschaftsarchitektur mit Schwerpunkt Pflanzplanung und Biodiversitätsplanung in Wien gegründet. In ihrem Hortus Pannonicus im nordöstlichen Weinviertel gärtnert die gebürtige Steirerin seit 2006 mit Wild- und Nutzpflanzen und versucht dabei immer die Bedürfnisse von Wildtieren in die Planung und Gestaltung miteinzubeziehen.

Dank

Bei der Entstehung dieses Buches haben zahlreiche Menschen mitgewirkt und mich unterstützt. Mein besonderer Dank gilt dem Haupt Verlag und seinen Mitarbeiterinnen und Mitarbeitern. Sie haben mit mir die Buchidee entwickelt und haben unglaublich viel geleistet. Danke dem Verlag für die konstruktive und befruchtende Zusammenarbeit. Für die Illustrierung der Pflanzideen möchte ich mich herzlich bei Rita Engl bedanken. Ihr ist es gelungen, meine Vorstellungen zu visualisieren. Ein großes Dankeschön gilt meinem Ehemann Bernd Selzer. Er hat mich ermutigt, dieses Buch zu schreiben, und mir in vielerlei Hinsicht geholfen. Merci auch allen jenen, die hier nicht explizit erwähnt wurden, mich aber in meinem Tun bekräftigt und mir geholfen haben.

1. Auflage: 2026

ISBN 978-3-258-08441-1

Umschlag, Gestaltung und Satz: Rita Engl, Wien
Lektorat: Grit Zacharias, Leipzig

Wir drucken mit mineralölfreien Farben und verwenden FSC®-zertifiziertes Papier.
FSC® sichert die Nutzung der Wälder gemäß sozialen, ökonomischen und ökologischen Kriterien.

Gedruckt in Bosnien und Herzegowina

FSC
www.fsc.org
MIX
Papier | Fördert gute Waldnutzung
FSC® C118234

Diese Publikation ist in der Deutschen Nationalbibliografie verzeichnet.
Mehr Informationen dazu finden Sie unter http://dnb.dnb.de.

Der Haupt Verlag wird vom Bundesamt für Kultur für die Jahre 2026–2028 unterstützt.

Wir verlegen mit Freude und großem Engagement unsere Bücher. Daher freuen wir uns immer über Anregungen zum Programm und schätzen Hinweise auf Fehler im Buch, sollten uns welche unterlaufen sein.

© Shutterstock, Huza Studio

Sie möchten nichts mehr verpassen?

Folgen Sie uns auf unseren Social-Media-Kanälen und bleiben Sie via Newsletter auf dem neuesten Stand.

www.haupt.ch/informiert

Haupt Verlag AG
Falkenplatz 14
CH-3012 Bern
herstellung@haupt.ch
www.haupt.ch

Verantwortlich in der EU (GPSR):
Brockhaus Kommissionsgeschäft GmbH
Kreidlerstr. 9
DE-70806 Kornwestheim
haupt@brocom.de